複素数とはなにか

**虚数の誕生からオイラーの公式まで**

示野信一 著

ブルーバックス

装幀／芦澤泰偉・児崎雅淑
カバーイラスト／あしたのんき
本文図版／さくら工芸社

# まえがき

　複素数（あるいは虚数）とは，$-1$ の平方根 $i = \sqrt{-1}$ を用いて，$a + bi$（$a, b$ は実数）の形で表される数のことです．2乗すると $-1$ になる「虚数」$i$ というのは，奇妙でなじみにくいものでしょう．複素数とは何か，こんなものを考えて何かいいことがあるのか，という疑問に答えることが本書の目的です．

　数については学校で時間をかけて習います．数の足し算，掛け算（九九）のような計算，分数，小数，負の数，無理数，指数の計算など，習う段階では難しかったことも，いつの間にか慣れて身についています．ところが，複素数を高校で習っても，数として受け入れるところまで慣れ親しんでいない人が多いようです．理工系分野で複素数を使っていても，やはり複素数に得体の知れないものという違和感を感じ，親しむとまではいかない人も少なくないと思います．実数は「現実」の数であるのに対して，虚数は「仮想」の数，不合理なものであるという，数学の歴史の中で複素数が受容されるまでに受けた抵抗を追体験しているかのようです．

　複素数への違和感を取り払い，その美しさと有用性を知ってもらうために，本書を執筆しました．読み進む中で，だんだんと複素数に慣れ親しんでもらうために，次のようなコースを辿ります．まず，自然数から整数，有理数，実数，そして複素数へと数の世界が広がっていく流れの中で複素数をとら

え，複素数を四則演算の代数的側面，平面上の点としての幾何学的側面の両面から詳しく見ます．本書でもっとも重要なド・モアブルの定理とその幾何学的理解を用いて，$1$ の $n$ 乗根とその応用，美しい数式として名高いオイラーの公式

$$e^{i\theta} = \cos\theta + i\sin\theta$$

の証明を与え，複素数の応用のいくつかを取り上げます．

　基礎的なこともその都度説明するようにして，初学者や以前勉強したことを忘れてしまった人が無理なく読めるように配慮しました．一方で，話の筋道をきちんと辿ってしっかり理解してもらうことを重視しました．決して平坦な道のりではありませんが，わかったときの達成感は格別のものです．数式が多くて難しく感じる部分もあるかもしれませんが，難所は保留して先に進み後でじっくり考えるなど，自在に取り組んでもらえればと思います．

　編集者の梓沢修氏には，執筆を支えていただくとともに原稿に対して有益な助言をいただきました．前任の岡山理科大学，そして現在所属する関西学院大学のスタッフ，学生たちからは様々なヒントをもらいました．この場を借りて感謝申し上げます．

2012 年 盛夏の裏六甲にて<br>
示野 信一

# 目 次

**第 1 章 数の広がり**     **9**
  §1 いろいろな数 .................. 10
  §2 四則演算 ..................... 20
  §3 減法と負の数 .................. 28
  §4 乗法と負の数 .................. 33
  §5 べき乗 ...................... 39

**第 2 章 複素数の四則演算**     **44**
  §1 虚数の兆し .................... 45
  §2 複素数 ...................... 53
  §3 複素数の四則演算 ............... 56

**第 3 章 複素数の幾何学**     **74**
  §1 複素数平面における加法と乗法 ..... 74
  §2 複素数と三角関数 ............... 95
  §3 複素数の定義 ................. 111

**第 4 章 複素数と方程式**     **122**
  §1 複素数と 2 次方程式 ............ 122
  §2 1 のべき根と方程式 ............ 132

§3　方程式の解の存在と解法 . . . . . . . . . 150

# 第5章　べき乗からオイラーの公式へ　160
§1　複利計算と指数 . . . . . . . . . . . . . 160
§2　指数関数の折れ線近似 . . . . . . . . . . 165
§3　オイラーの公式 . . . . . . . . . . . . . 170
§4　指数関数と三角関数 . . . . . . . . . . . 185
§5　べき級数を用いたオイラーの公式の証明 . . . 187
§6　オイラーの公式の奇妙な仲間たち . . . . . 192

# 第6章　複素数の応用　197
§1　複素数と平面幾何 . . . . . . . . . . . . 197
§2　複素数と三角関数 . . . . . . . . . . . . 206
§3　さらなる発展と応用 . . . . . . . . . . . 212

# 第1章 数の広がり

　神が自然数を創造し，他はすべて人間が作った

　　　　　　　　　　　　　　　　クロネッカー[1]

　学校では，どんな実数も 2 乗（平方）するとゼロ以上になるから，$x^2 = -1$ を満たす実数 $x$ は存在しない，言い換えると，方程式 $x^2 = -1$ は実数解を持たないと教えられます．ところが，後になって，$i^2 = -1$ を満たす新しい「想像上の数」$i$ が導入されます．そして $a + bi$（$a, b$ は実数）の形の数を複素数と呼び，実数よりも広い複素数の世界の中で考えると，実数解を持たない 2 次方程式も解を持つ，と話は続くのです．（この辺りの話は後で詳しく説明します．）

　この話の展開について行けず，$i$ とは一体何なのか，存在するのか，何の意味があるのか，と受け入れがたい気持ちになるのは無理からぬことです．数千年にわたる数学の歴史の流れの中でも，複素数が受け入れられるまでには数百年の時を要したのです．

　複素数が出てくる以前に，学校で習う数学の中で，そして数の歴史の中でも，1, 2, 3, … とものを数えること（自然数）から始まって，0，負の数，これらを合わせて整数，比をとって有理数（分数），無理数，有理数と無理数を合わせて実数，の

---

[1]クロネッカー（1823〜1891）はドイツの数学者．

$$\text{複素数}\begin{cases}\text{実数}\\ \text{虚数}\end{cases}\text{有理数}\begin{cases}\text{整数}\\ \text{分数}\end{cases}\text{整数}\begin{cases}\text{自然数}\\ 0,\ \text{負の整数}\end{cases}$$
$$\text{無理数}$$

表 1.1　いろいろな数

ように考える数の世界を広げてきたことを思い起こしましょう．この章では，自然数から始まって数の世界が広がっていく流れを振り返ることにします．これは，数の計算規則を復習するウォーミングアップであるとともに，次章以降で数の発展の歴史的な流れの中で複素数を位置づけるための準備でもあります．

自然数から実数への道のりも平坦なものではなく，多様な風景が広がっています．約数や倍数に関わる整数に特有の性質に着目すれば整数論の豊潤な世界が広がっており，また，無理数，そして実数とは何かというのはそう簡単でない話題です．あまり寄り道しないように，複素数に至るコースを案内します．

## §1　いろいろな数

数にはどのような種類があるか概観してみましょう．小さい子供は 1 つ，2 つと数えることを覚えますが，**自然数** 1, 2, 3, $\cdots$ は個数を数える，あるいは順番を表すことから生まれた数です．$\cdots$ のところはさらに 4, 5, 6 と続きますが，限りなく無限に続くので $\cdots$ と書いています．

第 1 章　数の広がり

　10 進法で数を表記する際に用いる 0, 1, 2, 3, 4, 5, 6, 7, 8, 9 という数字はアラビア数字といいます．アラビア数字は，インドに由来するもので，アラビアを経てヨーロッパに広がり，13 世紀から 16 世紀頃にかけてローマ数字 I, II, III, IV, V, VI, VII, VIII, IX, X, … にとって代わって使われるようになりました．漢字文化圏では，皆さんご存じのように，数字「一，二，三，四，五，六，七，八，九」，そして位取りを表すには十，百，千，万，… が用いられます．また，0 には漢字「〇」または「零」を使いますね．

　小学校の算数では，自然数の足し算，引き算，掛け算，そして割り算を習います．$6 \div 3 = 2$ のように割り切れる場合だけでなく，$5 \div 2$ のような割り切れない割り算を扱うために分数が導入されました．分数を使うと $5 \div 2 = \dfrac{5}{2}$ となります．

　自然数やその比として現れる分数は，身近に現れるため，人類の歴史の初期の頃から登場していましたが，ゼロや負の数はそう簡単に受け入れられた訳ではありません．

　学校では，10 進法の位取りで自然数を表すために，また何もないことを表すために数字 0 が導入され，$1 - 1 = 0$ のような計算に出会います．$-1, -3, -\dfrac{5}{3}$ のような負の数を含む計算も習います．たとえば，$1 - 3 = -2$ のような計算ができるようになります．

　数としてのゼロはインドで考案されました．ゼロを含む演算の性質は，7 世紀インドのブラーマグプタの著書に記されています．インドでゼロが見出された背景に古代インド思想の「無」の概念があるという見方をする人もいます．

負の数は，古代の中国，インド，アラビアなどである程度使われていましたが，ヨーロッパの数学で受け入れられたのは 18 世紀のはじめのことです．それ以前は，正の数だけを考え，1 から 3 を引くことはできないという，小学校の算数で習うのと同じ認識がなされていたのです．

　自然数と 0，そして $-1, -2, -3, \cdots$ を合わせて**整数**と呼びます．自然数は正の整数であり，自然数にマイナスを付けた $-1, -2, -3, \cdots$ は負の整数です．自然数の世界には収まらない $1-3$ などの引き算が整数の世界の中では可能になります．

　整数 $p, q$ $(q \neq 0)$ の比 $\dfrac{p}{q}$ の形で表される数を**有理数**と呼びます．2 個のものを 3 人で分ける，つまり 2 を 3 で割ることは自然数の範囲ではできませんが，自然数の世界から踏み出して，新たに $2 \div 3 = \dfrac{2}{3}$ という分数（有理数）を考えたのです．

　整数の比（分数）の形で表せない数が，図形量として現れます．三平方の定理という平面幾何の定理を中学校の数学で習います．これは，直角三角形の斜辺の長さの平方（2 乗）が直角をはさむ辺の長さの平方の和に等しいという定理です．たとえば，直角をはさむ辺の長さが 3 と 4 の直角三角形の斜辺の長さは

$$3^2 + 4^2 = 25 = 5^2$$

より 5 です（図 1.1）．三平方の定理は，古代ギリシャのピタゴラス（紀元前 500 年前後の人）の名でピタゴラスの定理とも呼ばれます．三平方の定理は，ピタゴラス以前にも古代エジプトや中国で知られていました．直角をはさむ 2 辺の長さ

## 第1章 数の広がり

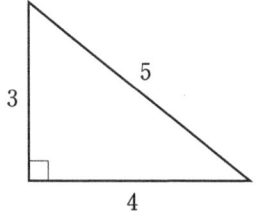

図 1.1 辺の長さが 3, 4, 5 の直角三角形

がともに 1 である直角三角形を考えると,三平方の定理より,その斜辺の長さの平方は, $1^2 + 1^2 = 2$ となります.平方すると 2 になる正の数を 2 の平方根と呼び,$\sqrt{2}$ (ルート 2) と書きます.つまり,$\sqrt{2}$ は 1 辺の長さが 1 の正方形の対角線の長さです(図 1.2).

図形量として現れる $\sqrt{2}$ ですが,$\sqrt{2}$ は有理数ではありません.$\sqrt{2}$ は分母・分子が自然数の分数として表すことができないのです.有理数でない,つまり整数の比で表せない数

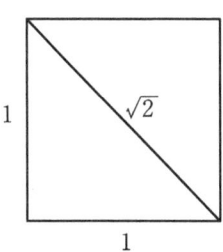

図 1.2 正方形の対角線の長さ

---

[2]証明は多くの高校の数学教科書や整数論の入門書に載っています.$\sqrt{2}, \pi, \pi^2, e$ が無理数であることの証明を含む無理数の概説が,G.H.ハーディ/E.M.ライト『数論入門 I』(丸善出版) 第 4 章にあります.

を**無理数**と呼びます．$\sqrt{2}$ が無理数であることは，背理法を用いて証明することができます[2]．$\sqrt{2}$ が自然数の比として表せないことに気付いたのは，古代ギリシャのピタゴラス教団です．自然数やその比の調和に基づく世界観を持っていたピタゴラス教団は，教義に反する自然数の比として表せない数の存在を受け入れることができず，$\sqrt{2}$ が無理数であることの発見者ないしその秘密を漏らした者は海で溺死させられたといいます．

図形に関係した基本的な定数である円周率（円の周の長さと直径の比）$\pi$ も有理数ではありません．このことを最初に証明したのは，18 世紀の数学者ランベルトです．円周率 $\pi$ と並んで重要な数学定数であり，本書でも大切なネイピアの数 $e$（163 ページ）も有理数ではありません．

現代では，**小数**が学校教育の早い段階で教えられ，電卓の表示をはじめとして数値を扱う際には，小数の方が分数よりよく使われています．整数の 10 進法表記（10 になると繰り上がる位取り記数法）や小数の表記法が現在使われている形で整備され普及したのは，16 世紀から 18 世紀にかけてのことです．分数（有理数）は小数に直すことができます．

$$\frac{1}{2} = 0.5, \quad \frac{3}{25} = 0.12$$

では，有限回の割り算で終わります．このような小数を**有限小数**といいます．

一方で，

$$\frac{1}{3} = 0.333\cdots$$

のように何回繰り返しても割り切れず，無限に続く小数を**無限小数**といいます．実用上は，小数点以下必要な桁数をとって約 0.33 等として使われています．上で出てきた無理数 $\sqrt{2}$ や $\pi$ も，

$$\sqrt{2} = 1.41421356\cdots,$$
$$\pi = 3.14159265\cdots$$

のように無限小数として表すことができます．2011 年の時点で $\pi$ は小数点以下 10 兆桁まで計算されています．

正の数に限らずゼロや負の数も含む有限小数と無限小数を合わせた小数を**実数**と定めます．有理数は小数として表すことができますから，有理数は実数に含まれています．実数の中で有理数でないものが無理数ということになります．

$1/4 = 0.25$ のように有限回で割り切れる有限小数と $1/3 = 0.333\cdots$ や上の $\sqrt{2}, \pi, 1/7$ のような無限小数の違いに気をとられてしまうためか，高校生や大学生で $1/3$ や $1/7$ は無理数であるという誤解をしている人によく出会います．有限小数と無限小数の違いは 10 進法という記数法に依存しており，数の本質的な分類ではありません．たとえば，暦や時間，角度を表すために，古代メソポタミア文明から現代に至るまで使われている 60 進法を例にとってみましょう．60 進法では，60 分で 1 時間というように，60 を単位として繰り上がる記数法です．1 分は 60 進法で表せば 0.1 時間（60 進法表記であることを明示すれば $(0.1)_{60}$ 時間），つまり有限小数で表されますが，10 進法では $1/60 = 0.01666\cdots$ と無限小数になります．一方，整数，有理数，無理数は記数法によらない概念です．

有理数と無理数を小数で表したときの違いは，有理数は有限小数であるかまたはある桁数から先で同じ数字の並びが無限に繰り返す**循環小数**になっており，無理数は循環小数ではないという点にあります．有限小数もある桁から先はずっとゼロが続く循環小数と見なすことができます．

上に挙げた有理数について見てみると，1 = 1.000⋯ では 0 が繰り返す，1/3 = 0.333⋯ では 3 が繰り返す，1/7 = 0.1428571⋯ では 142857 が繰り返す，というようになっています．有理数が循環小数で表されることは，次のように考えればわかります．1/7 を例にとれば，7 で割った余りは 0, 1, ⋯, 6 の 7 通りしかなく，割り算を 8 回繰り返すまでに必ず前に出た余りと同じ数が現れるので，小数は循環します．また，逆に循環小数 0.1428571⋯ を有理数（分数）の形に直すには，$x = 0.1428571⋯$ とおいて，循環する部分 142857 の桁数が 6 なので，$10^6 = 1000000$ を $x$ に掛けたものから $x$ を引くことにより，

$$\begin{array}{rrl} 10^6 x & = & 142857.1428571\cdots \\ -)\quad x & = & 0.1428571\cdots \\ \hline 999999 x & = & 142857 \\ \therefore\ x & = & \dfrac{142857}{999999} = \dfrac{1}{7} \end{array}$$

として，$x = 1/7$ を得ることができます．

小数の扱いに慣れていると，無限小数を数として受け入れて上のような計算を行うことにあまり抵抗はないものと思います．しかし，無限小数が何を意味するかを正確に定義して

# 第1章　数の広がり

いないために，理解に苦しむ事態が起こります．

$$\frac{1}{3} = 0.333\cdots$$

の両辺を3倍すると，

$$1 = 0.999\cdots$$

となります．奇妙で納得し難い等式です．$x = 0.999\cdots$ とおいて，循環小数を分数に直す方法を実行すると，

$$\begin{array}{rcl} 10x &=& 9.999\cdots \\ -)\quad x &=& 0.999\cdots \\ \hline 9x &=& 9 \\ \therefore x &=& 1 \end{array}$$

として，$0.999\cdots = 1$ が得られます．

　この等式は正しいのでしょうか？　大学の新入生に何度か尋ねたことがありますが，半数以上の学生が $0.999\cdots$ は1より小さいと答えます．高校数学の上級レベル，あるいは大学数学の初級レベルでは，$0.999\cdots = 1$ は次のように説明されます．$0.9, 0.99, 0.999$ は，いずれも1より小さい数ですが，1との差は $0.1, 0.01, 0.001$ と縮まっていきます．$1 - (0.1)^n$ において，$n = 1, 2, 3, \cdots$ とすると，$0.9, 0.99, 0.999, \cdots$ となります．一般に，

$$1 - (0.1)^n = 0.99\cdots 9 \quad (\text{小数点以下9が}n\text{個続く})$$

となっています．自然数 $n$ をどんなに大きくとっても，これは1より $(0.1)^n = 0.0\cdots 01$（小数点以下0が $n-1$ 個続き最

後は1) だけ小さい数です．しかし，$n$ を大きくすれば，誤差 $(0.1)^n$ はいくらでも小さくすることができます（が依然として差はあります）．$n$ を限りなく大きくすると，誤差 $(0.1)^n$ は限りなくゼロに近づき，$1 - (0.1)^n$ は限りなく 1 に近づきます．これを

$$\lim_{n \to \infty} \{1 - (0.1)^n\} = 1$$

と書き表し，$1 - (0.1)^n$ の $n \to \infty$ としたときの極限は 1 であるといいます．ここで，lim は，limit（極限）からきています．上の式を

$$0.999\cdots = 1$$

と書き表します．

有限小数は $0.2 = 2/10$ のように分母が $10^n$ の形の有理数として表すことができます．実数とは無限小数のことだと述べましたが，無限小数は有限小数の列の極限と捉えるべきものです．また，実数を無限小数として表す表し方は 1 通りではなく，9 が続けて無限に続くときはそれを 1 繰り上げたものと同じと見なす必要があります．たとえば，上の $0.999\cdots = 1$，あるいは，$0.3999\cdots = 0.4$ のようになります．

自然数から始めて，整数，有理数，実数と次第に数の世界が広がる様子を概観しました．これらの数を大小の順に並べて直線上の点と見なすことができます．実数と対応させた直線を**数直線**または実数直線と呼びます．正負の目盛りがついた無限の長さの定規を思い浮かべるとよいでしょう（図 1.3）．

ゼロは数直線の基準となる点で，原点といいます．原点を記号 O で表します．今，図 1.3 のように，右側に行く方が数

第 1 章 数の広がり

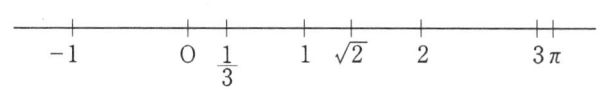

図 1.3 数直線

が大きくなるように並べると,ゼロをはさんで右側に正の数,左側に負の数があります.原点から右方向に距離 1 だけ進んだ点を数 1 と対応させます.「対応させる」と毎回言うのが面倒なので,混乱の恐れがないときは省略して,実数を数直線上の点と見なすことにします.自然数 1, 2, 3,… はそれぞれ原点から右方向に 1, 2, 3,… だけ進んだ点です.負の整数 −1, −2, −3,… はそれぞれ原点から左方向に 1, 2, 3,… だけ進んだ点です.こうして数直線の上に整数は等間隔に並んでいます.

有理数だけ考えたのでは,数直線は穴だらけなのですが,実数は数直線上にびっしりと隙間なく大小の順に一列に並んでいます.有理数の隙間を埋めて実数を厳密に定義することは,微分積分学(解析学)の理論の厳密化の流れの中で 19 世紀後半にデデキント,カントールらによって行われました.有理数から実数に広げる操作は,完備化という現代数学ではいろいろなところで使われる重要な概念となっています.本書では,実数の定義に深入りせず,実数とは数直線上の点であるという強力なイメージを積極的に利用することにします.

## §2 四則演算

　数に対するイメージは，歴史の中でも我々が学校で算数・数学を学んだ過程でも変化していますが，一貫して，数とは，足したり，掛けたりして操作する対象であり続けています．そして，数を操るルールがあります．ルールは人が定めたものですが，ルールどうしの整合性やそのようにルールを定めた必然性，メリットがあります．大学で数学を学ぼうと思うような数学好きの高校生や大学生に数学のどういうところが好きかを尋ねると，ただ1つの正解が出る明快さが算数・数学の魅力であるという答えがよく返ってきます．ルールにしたがって正しく計算すれば1通りの答えが出る，そしてそれが様々な局面で役に立つのは，妥当性のある整合がとれたルールが長い歴史の中で形作られてきたからなのです．以下では，数を操るルール（規則）の面から数について見てみましょう．

　2つの実数 $a, b$ に対して，第3の実数としてその和 $a+b$ が定まります．和を求める操作を**足し算**，あるいは**加法**と呼びます．また，$a, b$ の**積** $a \times b$ を求める操作を**掛け算**，あるいは**乗法**と呼びます．掛け算は $a \cdot b$ または $ab$ と書くこともあります．$3 \times 2$ を $32$ と書いてしまうと2桁の数と区別がつかないので，$3 \cdot 2$ と書きます．

　足し算，掛け算の他に，2つの数から第3の数を定める規則には，引き算（減法）と割り算（除法）があります．2つの数の組 $(a, b)$ に対して，第3の数を対応させる規則を**演算**と呼びます．加法，減法，乗法，除法，つまり加減乗除の4つの演算はまとめて**四則演算**と呼ばれます．

第 1 章 数の広がり

 2つの自然数の和はまた自然数になります．このことを，自然数は加法について**閉じている**といいます．考えている数の世界がある演算について閉じているかどうかに着目してみましょう．たとえば，奇数の全体を考えると，2つの奇数の和は偶数になるので，奇数は加法について閉じていません．また，自然数 $a, b$ の比として定まる分数 $\dfrac{a}{b}$ の全体は，乗法と除法について閉じています．（つまり，2つの分数の積，商は，また分数になっています．）

 足し算では足す順序を替えても答えが変わらないという性質があります．$3+5$ も $5+3$ も答えは 8 です．この性質

$$a+b=b+a$$

を，**加法の交換法則**といいます．

 このように**等号** = で結ばれた式を**等式**といいます．等式において，等号の左側を**左辺**，右側を**右辺**といいます．等式 $a+b=b+a$ の左辺は $a+b$，右辺は $b+a$ です．また，加法の交換法則といったときには，どんな実数 $a, b$ に対しても，$a+b=b+a$ が成り立つことを意味しています．このように常に成り立つ等式を**恒等式**といいます．

 これに対して，等式

$$2x-1=3$$

が成り立つような $x$ は，$x=2$ しかありません．このとき $x=2$ は方程式 $2x-1=3$ の**解**であるといいます．解き方を思い出

21

してみましょう.

$$2x - 1 = 3$$
$$2x = 4 \quad (両辺に 1 を足す)$$
$$\therefore \ x = 2 \quad \left(両辺に \frac{1}{2} を掛ける\right)$$

始めの両辺に 1 を足す操作により左辺の $-1$ がなくなり右辺が $3 + 1 = 4$ になります. この操作を $-1$ を右辺に**移項する**といいます. 2 番目の段階は,あえて両辺に $\frac{1}{2}$ を掛けると表現しましたが,両辺を 2 で割ると言っても同じことです.

上の 1 次方程式の解法では,等式の非常に重要な性質が使われています. 等式は左辺と右辺が等しい,釣り合っていることを示しています. 等式の両辺に同じ数を足しても掛けても,釣り合いは崩れず,等式が得られます. つまり,次の基本性質が成り立ちます.

---

**加法と乗法に関する等式の基本性質**

$a = b$ ならば, $a + c = b + c, ac = bc$ が成り立つ.

---

ここで,

$$a - c = a + (-c),$$
$$\frac{a}{c} = a \cdot \frac{1}{c} \quad (c \neq 0)$$

という引き算と足し算,割り算と掛け算の関係を思い出せば,等式の両辺から同じ数を引いても,同じ数で割っても,釣り合いは崩れず,等号が成立することがわかります. したがっ

第 1 章　数の広がり

て，上で加法と乗法について述べた等式の基本性質は，加減乗除の四則演算すべてに対して成り立ちます．

> **等式の基本性質**
> 等式の両辺に同じ数を足しても引いても，掛けても割っても等号が成立する．

もちろん，ゼロによる割り算は考えないことに注意しましょう．

自然数，整数，有理数，実数，複素数と四則演算を持つ数の世界が広がっていっても，上の等式の性質および加法と乗法に関する交換法則，結合法則，分配法則は常に成り立っています．長い年月をかけて，数が広がっていく過程で，既存の数について成り立つ法則や性質の一部をうまい形で保持した，整合性が高く有用なものだけが生き残ってきたといえるでしょう．たとえば，負の数が徐々に認知されつつあった 16 世紀から 17 世紀にかけてのヨーロッパでは，負の数と負の数を掛けると正の数になるという現在採用されている規則に反対して，負の数と負の数を掛けると負の数になると主張する人たちもいたそうです．後に見るように，負の数と負の数を掛けると正の数になるという計算規則は，上に挙げた基本的な計算規則が成り立つために必要な要請なのです．

上で述べた結合法則，分配法則について思い出しておきましょう．3 つの数の足し算 $3+5+13$ は，$3+5=8$, $8+13=21$ という 2 段階に分けて計算することができます．先に計算する方をカッコで囲んで，上の計算順序を $(3+5)+13$ と表します．$3+(5+13)$ のように違う順序で足しても答えは同じにな

ります．この性質を文字式を使って表すと，

$$(a + b) + c = a + (b + c)$$

となります．これを**加法の結合法則**といいます．

1 から 10 までの和

$$1 + 2 + 3 + 4 + 5 + 6 + 7 + 8 + 9 + 10$$

の計算方法を考えてみましょう．最初から順番に足してもよいのですが，計算の順序を自由に選んでよいことを使って，1 番目と 10 番目，2 番目と 9 番目，… の和 1+10, 2+9, 3+8, 4+7, 5+6 を計算すると 11 が 5 個，$11 \cdot 5 = 55$ として答え 55 が得られます．

$11 \cdot 5$ は $11 + 11 + 11 + 11 + 11$（11 を 5 個足し合わせたもの）に他なりません．2 つの自然数の積は自然数ですから，自然数は乗法について閉じています．

掛け算について，掛ける順序を替えても答えは変わりません．つまり，$11 \cdot 5$ は $5 \cdot 11$（5 を 11 個足し合わせたもの）です．掛け算の順序を替えても答えは変わらないという性質は，

$$ab = ba$$

と書き表すことができます．これを**乗法の交換法則**といいます．

3 つの数の掛け算 $17 \cdot 25 \cdot 4$ を計算するには，17 と $25 \cdot 4 = 100$ を掛けて 1700 とするのが早いでしょう．このように積の順序も自由に入れ替えることができます．この性質

$$(ab)c = a(bc)$$

第 1 章 数の広がり

を**乗法の結合法則**といいます.

算数で足し算と掛け算を計算するときに大事なのは,九九と筆算の規則(位取り記数法と繰り上がり)です.筆算により掛け算 $25 \cdot 13$ を計算する場合,各桁の数どうしの掛け算 $5 \cdot 3, 5 \cdot 1, 2 \cdot 3, 2 \cdot 1$ を計算して,位を適当に合わせて加えます.これは,

$$25 \cdot 13 = (5 + 20) \cdot (3 + 10)$$
$$= 5 \cdot 3 + 5 \cdot 10 + 20 \cdot 3 + 20 \cdot 10$$
$$= 15 + 50 + 60 + 200$$
$$= 325$$

という計算を行っていることになります.ここで使っているのは,展開の公式

$$(a+b)(c+d) = ac + ad + bc + bd$$

です.**分配法則**

$$a(b+c) = ab + ac$$

が大元にあって,上の展開の公式は,分配法則と交換法則から導き出されるものです.高校数学でよく使う展開公式

$$(a+b)^2 = a^2 + 2ab + b^2,$$
$$(a+b)(a-b) = a^2 - b^2$$

は,$(a+b)(c+d)$ の展開公式の特別な場合ですが,これらも,元をただせば分配法則と交換法則から導き出されたものだったのです.(ここで,$a^2$ は $a$ の平方 $a \cdot a$ のことです.)

分配法則の簡単な例を挙げておきましょう．

$$4 \cdot (7 + 3) = 4 \cdot 7 + 4 \cdot 3$$

は両辺とも値は 40 になります．また，

$$21 \cdot 19 = (20 + 1)(20 - 1) = 20^2 - 1^2 = 399$$

です．

　ゼロを足しても数は変わらないという性質があります．つまり，任意の実数 $a$ に対して，

$$a + 0 = 0 + a = a$$

が成り立ちます．ゼロは乗法においても特別な意味を持っています．任意の実数と 0 の積は 0 になります．

$$a \cdot 0 = 0$$

これは加法における 0 の性質 $0 + 0 = 0$，分配法則，および等式の性質から導かれる性質です．実際，

$$a \cdot 0 = a \cdot (0 + 0) = a \cdot 0 + a \cdot 0$$

の両辺から $a \cdot 0$ を引くと，$0 = a \cdot 0$，つまり $a \cdot 0 = 0$ が得られました．この議論で当たり前のこととして用いた，

$$a = b \text{ かつ } b = c \text{ ならば } a = c,$$

$$a = b \text{ ならば } b = a$$

も，等式の重要な性質です．

第 1 章　数の広がり

　乗法における 1 の役割も特別なものです．任意の実数と 1 の積は $a$ になります．

$$a \cdot 1 = a$$

　自然数の範囲では，$2 \div 3$ という割り算の答えがありませんが，数を拡張して分数 $\dfrac{2}{3}$ を答えとすることを算数で習います．割り算

$$a \div b = \dfrac{a}{b}$$

は，掛け算の**逆演算**，すなわち

$$\dfrac{a}{b} = c \iff a = bc$$

により定めます．ここで，$a = bc$ を満たす $c$ がただ 1 つ定まることを要請します．

　小学校で習う分数計算のルールをはじめとする割り算の規則は，すべてこの定義から導かれます．たとえば，ゼロで割ってはいけないのは，

$$\dfrac{a}{0} = c \iff a = 0 \cdot c$$

において，$a \neq 0$ のとき $a = 0 \cdot c = 0$ となる $c$ は存在せず，$a = 0$ のときは $0 = 0 \cdot c$ となる $c$ がただ 1 つに定まらないからです．

　加法と乗法の満たす基本法則を表 1.2 にまとめました．これらは実数の足し算，掛け算に対して成り立つもので，特に意識することなく小学生も自然数や分数の計算をするときに使っています．

|      | 加法 | 乗法 |
| --- | --- | --- |
| 交換法則 | $a+b=b+a$ | $ab=ba$ |
| 結合法則 | $(a+b)+c=a+(b+c)$ | $(ab)c=a(bc)$ |
| 分配法則 | $a(b+c)=ab+ac$ | |

表 1.2　加法と乗法の基本法則

　加減乗除の演算が負の数や分数（有理数）を含む実数全体で自在に行えることは決して当たり前のことではなく，長い歴史の中で確立された概念であり，皆さんが，特に意識することなく数の計算ができるのは，小学校以来の算数，数学の学習の成果なのです．

## §3　減法と負の数

　3個のリンゴと5個のリンゴを合わせると全部で何個か？という個数を求める問題は，式で書くと3+5のように足し算の問題になりますが，引き算の問題も個数を数える問題として現れます．5個のリンゴがあって，2個食べると残りは何個か？　という個数を求める問題は，式で書くと5−2という引き算の問題になります．答えはもちろん3です．食べてなくなった個数2と残った個数3を足せば，最初の個数5になります．つまり，引き算と足し算は，

$$5-2=3 \quad \longleftrightarrow \quad 3+2=5$$

第1章 数の広がり

という相互関係にあり，5 − 2 は，2 と足すと 5 になる数であると言うことができます．つまり，減法（引き算）は加法（足し算）の**逆演算**です．

小学校では，大きい数から小さい数を引く場合だけを考えますが，中学校に入ると，負の数が導入され，3 − 5 の答えは負の数 −2 であると習います．数の世界を自然数から整数に広げることにより，小さい数から大きい数を引くことはできない（そういう問題は考えない）という制限が取り除かれました．

しかし，全部で 3 個のリンゴがあるとき，5 個のリンゴを食べることはできませんから，個数を考える限り，3 − 5 という引き算はできない，問題として意味がないと考えるのが当然です．数学の歴史においても，数としては個数，長さ，面積など正の数量が興味の対象であり，負の数を意味のある数として認めることに様々な抵抗がありました．ヨーロッパの数学では 17 世紀になっても負の数は正式の数として受け入れられておらず，正しい共通認識が確立されているとはいえない状態でした．正の数が答えとして得られないような問題や計算は，いくつかの例外を除いて，意味がない不適切なものとして 2000 年近くもの間避けられてきたのです．

正の数を「財産」，負の数を「借金」と考えると，負の数をイメージしやすいでしょう．このような負の数の利用は，7 世紀のインドの数学者ブラーマグプタの著作に現れています．負の数を借金として解釈すると，300 − 500 = −200 は，所持金 300 円から 500 円使うと，200 円の借金，つまり所持金が

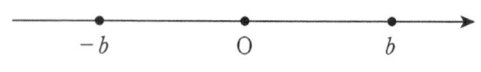

図 1.4 数直線上の $b$ と $-b$

−200 円になると理解することができます.

基準点からの増減により正の数と負の数を理解することもできます. 3 度だった気温が 5 度下がると零下 2 度になることは, $3 - 5 = -2$ と表せるでしょう. あるいは, 一直線上を 3km 進んでから 5km 逆方向に戻ると, 出発点から 2km 後方の位置に来ることは, 最初の位置を数直線上の原点, 最初に進む方向を正の向きに取れば, 上と同じく $3 - 5 = -2$ と表すことができます.

$3 + (-5)$ は, 数直線上で 3 進んで 5 戻った点, つまり $3 - 5$ と同じく $-2$ と定めます. 一般の場合も実数の足し算を数直線上の移動として理解することができます. $b$ を正の数とするとき, $a + b$ は数直線上で $a$ から右方向(正の向き)に $b$ だけ進んだ点を表し, $a + (-b)$ は $a$ から左方向(負の向き)に $b$ だけ進んだ点を表します.

負の数は $-2$ のように正の数 2 にマイナスの符号 − を付けたものになっています. 正の数 $b$ に対して, 負の数 $-b$ は原点をはさんで $b$ と対称な位置にあり,

$$b + (-b) = 0$$

を満たします(図 1.4).

$3 + (-5)$ の和の順序を替えて $-5 + 3$ としても, $-5$ から右に 3 だけ進んだ点, つまり $-2$ となり, $3 + (-5) = -5 + 3$ となっています. 自然数の範囲では引き算 $3 - 5$ の答えは存在せず,

## 第1章 数の広がり

自然数は減法について閉じていませんでした．ゼロと負の数を含めた整数全体は，加法と減法について閉じており，しかも加法の交換法則が成り立ちます．

実数 $a$ に対して，$a + b = b + a = 0$ となる $b$ を加法に関する $a$ の**逆元**と呼び，$b = -a$ と書きます．これは正の数 2 に対して負の数 $-2$ は，$2 + (-2) = (-2) + 2 = 0$ を満たすという，既に述べたことを含んでいます．一方，$a = -3$ の加法に関する逆元は，$b = -(-3)$ であり，その意味するところは，

$$-3 + \{-(-3)\} = -(-3) + (-3) = 0$$

ですが，$-3 + 3 = 0$ より，

$$-3 + \{-(-3)\} = -3 + 3$$

したがって，両辺に 3 を足すと，

$$-(-3) = 3$$

が得られます．マイナスの記号 − を

(1) $3 - 2$ のように引き算を表す，

(2) $-2$ のように負の数を表す，

(3) $a$ の加法に関する逆元 $-a$ を表す

という 3 通りの意味で用いています．これらが整合するためには，

$$-(-a) = a$$

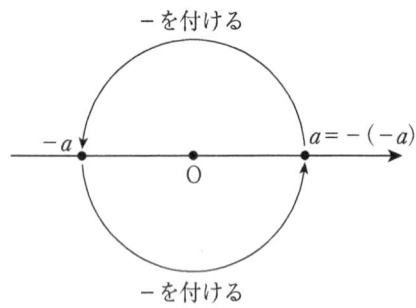

図 1.5 −（マイナス）を付けると O について対称移動

および前にも述べた

$$a - b = a + (-b)$$

を約束しておく必要があります．

　実数 $a$ の**絶対値** $|a|$ を $a \geq 0$ に対して $|a| = a$，$a < 0$ に対して $|a| = -a$ と定めます．たとえば，$|3| = 3$, $|-2| = 2$ です．そうすると，数直線上で実数 $a$ は，原点から距離 $|a|$ だけ離れた点で，$a > 0$ ならば 0 の右側，$a < 0$ ならば 0 の左側に位置します．$|-a| = |a|$ なので，$a$ と $-a$ は原点をはさんで対称な位置にあります．実数にマイナスの符号を付ける操作を繰り返すと，図 1.5 のように，数直線上の原点 O に関する対称移動を繰り返します．

　ここまでの話では，あえて負の数の掛け算に触れてきませんでした．しかし学校で習った数学を思い出して，あるいは式の形から連想してみれば，$-(-a) = a$ という式から $(-1) \cdot (-a) = a$ という負の数の積を含む等式に思い至るでしょう．実際，31 ページで挙げたマイナスの 3 つの意味に 4 つ目の意味

(4)　$(-1) \cdot a = -a$

を付け加えることができます．つまり，マイナスの符号を付けることと $-1$ を掛けることは同等なのです．これが当たり前のように思えるのは，そう思い易いような記号が使われていること，このような計算に慣れていることによります．(4) については，次の節で説明します．

上の (4) で $a = -1$ とすれば，$(-1)^2 = -(-1) = 1$ が得られます．また，(4) の $a$ として $-a$ をとれば，

$$(-1) \cdot (-a) = -(-a) = a$$

となります．

## §4　乗法と負の数

$(-50) \cdot 3$ は，$(-50) + (-50) + (-50) = -150$（50円ずつ3人から借りると計150円の借金になる）となります．別の例として $4 \cdot (-2)$ を考えましょう．$-2$ 個足し合わせるというのは理解しがたいですが，交換法則を使って，

$$4 \cdot (-2) = (-2) \cdot 4 = (-2) + (-2) + (-2) + (-2) = -8$$

となります．正の数と負の数の掛け算は負の数になります．掛け合わせる2つの数 $4, -2$ の絶対値 $4, 2$ の積 $8$ にマイナスを付ければよいのです．

$4 \cdot (-2) = -8$ でなければならないことを，分配法則を用いて示すこともできます．$4 \cdot \{2 + (-2)\}$ を2通りの方法で計算

してみます．$2 + (-2) = 0$ なので，

$$4 \cdot \{2 + (-2)\} = 4 \cdot 0 = 0$$

です．一方，分配法則を使うと，

$$4 \cdot \{2 + (-2)\} = 4 \cdot 2 + 4 \cdot (-2) = 8 + 4 \cdot (-2)$$

です．したがって，

$$8 + 4 \cdot (-2) = 0$$

が成り立ちます．両辺から 8 を引くと，$4 \cdot (-2) = -8$ がわかります．このように，表 1.2 の基本法則が成り立つためには，$4 \cdot (-2) = -8$ としなければならないことがわかりました．

正の数どうしの積は正の数，正の数と負の数の積は負の数ですが，負の数と負の数の積はどうなるでしょうか？ 負の数と負の数の積は正の数になることを中学校で習います．皆さんはどうしてそうなるかわかりますか？ マイナスとマイナスが打ち消し合ってプラスになる，というような形式的な理解をしていれば，計算上は問題ないのですが，これがどうしてか説明するために，ここまで負の数の話を復習してきたのです．

先にも触れたように，歴史の流れの中で，数として正の量を表すものだけを考える段階から進んで負の数を受け入れるまでには長い年月がかかりました．16 世紀から 17 世紀にかけて負の数が少しずつヨーロッパの数学に受け入れられる中でも，負の数どうしの掛け算や割り算を考えられるかどうか，

第 1 章　数の広がり

またその結果が正か負かについて,様々な学説がありました.負の数どうしの積が正の数になることを説明する前に,現代の立場から見れば正しくない議論を 1 つ紹介します.

これは 17 世紀の数学者アルノーによる大小関係に関する議論です.$a > b$ のとき,順序を替えた 2 つの比 $a/b$ と $b/a$ の間に不等式

$$\frac{a}{b} > \frac{b}{a}$$

が成り立ちます.今 $a = 1, b = -1$ をとると,

$$\frac{1}{-1} > \frac{-1}{1}$$

という変な不等式が導かれます.これは,後で見る正しい結果

$$\frac{1}{-1} = \frac{-1}{1}$$

に矛盾しています.(上の等式の分母を払うと,後で説明する等式 $(-1)^2 = 1$ になります.)

読者の皆さんは,アルノーの議論のどこがおかしいかおわかりですよね.2 数の順序を替えた 2 つの比の間に不等式が成り立つという主張は,2 つの数が正である場合には成り立ちますが,負の数が入ってくると正しくないのです.正の数の範囲で成り立っていた不等式の性質が,負の数まで含めた実数全体では必ずしも成立しないため,負の数そのものや負の数どうしの掛け算や割り算の結果が数の大小関係の中のどこに位置するかうまく決められなかったのです.

不等式の両辺に負の数を掛けると不等号の向きが逆転すること

$$a < b, c < 0 \text{ ならば } ac > bc$$

35

を学校で習います.22ページで述べた等式の基本性質や表1.2に示した加法と乗法に関する交換法則,結合法則,分配法則は,負の数も含めて成り立つという要請を満たしていますが,上に挙げた不等式の性質は同じ形では成り立たないのです.数学のような学問においても,その発展の途上では,全体像が見えていないので,どの部分をそのままの形で残し,どの部分を修正するかまたは捨て去るかについて見解が分かれ,また,今の中高生から見ても誤りとわかるような誤解による混乱があったのです.

## ■ 2つの負の数の積

2つの負の数の積が正の数であることを説明しましょう.最初にパターンから類推する方法を紹介します.例として,$a = 3, 2, 1, 0, -1, -2$ について掛け算 $(-2) \times a$ を考えてみましょう.

$$(-2) \times 3 = -6 \qquad (-2) \times 0 = 0$$
$$(-2) \times 2 = -4 \qquad (-2) \times (-1) = ?$$
$$(-2) \times 1 = -2 \qquad (-2) \times (-2) = ?$$

右辺の答えを順番に見ると $-6, -4, -2, 0, ?, ?$ と2ずつ増えているので,2つのクエスチョンマークの箇所は $2, 4$,つまり,

$$(-2) \times (-1) = 2$$
$$(-2) \times (-2) = 4$$

第1章 数の広がり

となります．次に分配法則から積の規則を導きます．

$$1 + (-1) = 0$$

の両辺に $-1$ を掛けると，

$$\{1 + (-1)\} \cdot (-1) = 0 \cdot (-1) = 0$$

となります．左辺に分配法則を使うと，

$$1 \cdot (-1) + (-1)^2 = 0$$

となり，正の数と負の数の積の方は既に見たように $1 \cdot (-1) = -1$ なので，

$$-1 + (-1)^2 = 0$$

となります．両辺に 1 を足すと，

$$(-1)^2 = 1$$

が得られます．

つまり，負の数どうしの掛け算が実数として定まって，分配法則が負の数まで広げた世界で成り立つためには，$(-1)^2 = 1$ でなければならないことがわかりました．したがって，

$$-(-1) = 1 = (-1)^2$$

が得られます．これは，33 ページに挙げたマイナスの意味の (4) において $a = -1$ としたものになっています．

一般に $a, b$ を正の数とするとき，

$$(-a) \cdot (-b) = (-1) \cdot a \cdot (-1) \cdot b = (-1)^2 ab = ab$$

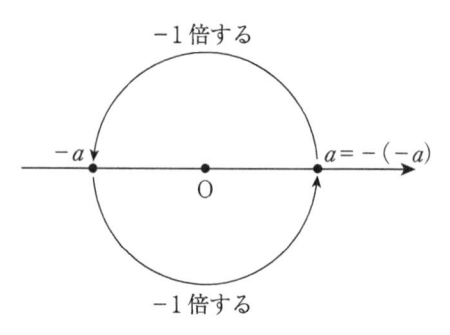

図1.6 −1倍はOに関する対称移動

が成り立ちます．つまり，2つの負の数 $-a, -b$ の積は正であり，$-a, -b$ の絶対値 $a, b$ の積に等しいことがわかりました．また，任意の実数 $a$ に対して，33ページに挙げたマイナスの意味 (4)

$$(-1) \cdot a = -a$$

が成り立つことも分配法則から導かれます．

このように，表1.2にある基本法則（交換法則，結合法則，分配法則）が成り立つことを要請すると，ゼロと負の数まで含めた加法と乗法のルールが決定され，このように定めれば，基本法則が成立するのです．（基本法則が確かに成り立つことの証明は，やや面倒で退屈な作業なので省略します．）

実数にマイナスの符号を付けることは，−1を掛けることに他なりませんから，図1.6のように，実数に −1 を掛けることを繰り返すと，数直線上の原点Oに関する対称移動を繰り返します．

実数 $a$ が正のとき $a^2 > 0$，$a = 0$ のとき $a^2 = 0$ です．$a < 0$

のとき，$b = -a$ は正の数で，

$$a^2 = (-b)^2 > 0$$

となります．したがって，次が成り立ちます．

> 任意の実数 $a$ に対して，$a^2 \geq 0$ が成り立つ．

もう1つ実数の積に関する重要な性質を挙げておきましょう．

> $ab = 0$ ならば，$a = 0$ または $b = 0$ である．

ここで「または」は，$a = 0$ か $b = 0$ の少なくとも一方が成り立つことを意味します．（もちろん両方成り立っても構いません．片方が成り立ち，片方が成り立たないことを意味するという誤解をしないようにして下さい．）これは等式の性質を使えば簡単に証明できます．実際，$a = 0$ とすれば，結論が成り立っており，$a \neq 0$ とすると，$ab = 0$ の両辺に $1/a$ を掛ければ，$b = 0$ となりやはり結論が成り立ちます．

## §5 べき乗

既に断りなしに用いているように，実数 $a$ に対して，$a = a^1$, $aa = a^2$, $aaa = a^3$ のように，自然数 $n$ に対して，$a$ を $n$ 個掛け合わせたものを $a^n$ と表し，$a$ の $n$ 乗といいます．特に2乗を**平方**，3乗を**立方**ともいいます．$a^n$ を総称して，$a$ の**累乗**または**べき乗**といいます．また，$a^n$ において，$a$ を**底**，$n$ を**指数**または**べき指数**といいます．

累乗について次が成り立ちます．

**指数法則**

任意の実数 $a, b$ と自然数 $m, n$ に対して，

$$a^m a^n = a^{m+n},$$
$$(a^m)^n = a^{mn},$$
$$(ab)^n = a^n b^n.$$

指数法則では，たとえば，

$$2^3 \cdot 2^2 = (2 \cdot 2 \cdot 2) \cdot (2 \cdot 2) = 2^5,$$
$$(2^2)^3 = (2 \cdot 2) \cdot (2 \cdot 2) \cdot (2 \cdot 2) = 2^6$$

のように，掛け合わせる回数が合っています．べき指数を整数まで広げて，$2^0$ や $2^{-1}$ を考えます．0回掛け合わせるとか −1回掛け合わせるというのは意味不明ですが，指数法則が成り立つようにべき指数を整数まで広げることができます．

$a$ をゼロでない実数とします．$a^0 a = a^{0+1} = a$ であるためには，

$$a^0 = 1$$

と定めなければいけません．また，自然数 $n$ に対して，

$$1 = a^0 = a^{n-n} = a^n \cdot a^{-n}$$

より，$a$ の負べきは，

$$a^{-n} = \frac{1}{a^n}$$

第 1 章 数の広がり

と定めなければいけません．特に $a^{-1}$ は $a$ の逆数です．このように整数べき $a^n$ ($n$ は整数) を定めると，上に述べた指数法則が，ゼロでない実数 $a, b$，整数 $m, n$ に対して成立します．

さらに有理数べきを考えるために，$a$ を正の実数とします．自然数 $m$ に対して，$m$ 乗すると $a$ に等しいような正の数を $\sqrt[m]{a}$ と書き，$a$ の $m$ 乗根と呼びます．$m = 2$ のときは，単に $\sqrt{a}$ と書きます．特に 2 乗根を平方根，3 乗根を立方根といいます．$\sqrt[m]{a}$ を総称して $a$ のべき根といいます．自然数 $m$ と整数 $n$ に対して，

$$a^{\frac{n}{m}} = (\sqrt[m]{a})^n$$

と定めます．これにより，有理数までべき指数が拡張されます．

無理数が無限小数として表されることを用いて，無理数べきを定義します．たとえば，$\sqrt{2}$ の小数展開

$$\sqrt{2} = 1.41421356\cdots$$

において小数第 $n$ 位までとったものを $a_n$ とし，これをべき指数とする数列 $\{2^{a_n}\}$ を作ると，最初の 5 項は表 1.3 のようになり，一定値 2.6651 に近づいているように見えます．実際，$2^{a_n}$ は $n$ を大きくするとき一定値に限りなく近づき，その値を $2^{\sqrt{2}}$ と定めます．

こうして，任意の正の実数 $a$ に対して，指数関数 $a^x$ が定義され，次が成り立ちます．

| $n$ | $a_n$ | $2^{a_n}$ |
|---|---|---|
| 1 | 1.4 | 2.6390 |
| 2 | 1.41 | 2.6573 |
| 3 | 1.414 | 2.6647 |
| 4 | 1.4142 | 2.6651 |
| 5 | 1.41421 | 2.6651 |

表 1.3 $2^{\sqrt{2}}$ の近似値

---

**指数法則**

任意の正の実数 $a, b$ と実数 $x, y$ に対して，

$$a^x a^y = a^{x+y},$$
$$(a^x)^y = a^{xy},$$
$$(ab)^x = a^x b^x.$$

---

$y = 2^x$ のグラフは図 1.7 のようになります．

## ■ 数直線の登場

数直線上に負の数，ゼロ，正の数が大きさの順に並んだイメージは，一度獲得してしまうと強力なものですが，歴史的には，負の数は方程式の解法などにおける四則演算に関連して恐る恐る考察されていたもので，数直線のイメージを伴って理解されたのは後になってからのことのようです．

中学校で学ぶ直交座標では，原点で交わる2つの直交する

第 1 章　数の広がり

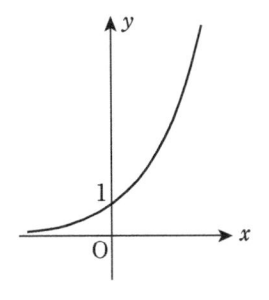

図 1.7　$y = 2^x$ のグラフ

座標軸（数直線），$x$ 軸と $y$ 軸をとって，負の数まで許した2つの実数 $x, y$ の組によって平面上の点を表します．直交座標は17世紀フランスの数学者デカルトの名でデカルト座標ともいいます．（デカルトは，「我思う，ゆえに我あり」という言葉で有名な哲学者でもあります．）デカルトの解析幾何学は，直交する2方向の正の長さ $x, y$ の関係式の計算により平面幾何を考察するもので，負の数を含む数直線や平面座標を考えた訳ではありません．負の数を含む数直線の図は1685年のウォリスの著書『代数学』に現れています．ウォリスは微分積分学に関する業績で有名な数学者です．座標や座標軸は，ドイツの数学者ライプニッツの1692年の論文で導入されました．ライプニッツは，微分積分学を体系化した人物として，ニュートンと並び称されています．ニュートンは万有引力の法則など力学の研究でも有名なイギリスの数学者・物理学者です．

　数が自然数から整数，有理数，実数と広がっていく様子を見てきましたが，次章ではいよいよ数を複素数まで広げます．

# 第2章 複素数の四則演算

虚数とは，神霊が宿る驚嘆すべき住処(すみか)であり，存在と無の両面をそなえている

ライプニッツ[1]

　第1章では，加減乗除の四則演算と極限操作を考えることにより，数の世界が，自然数，整数，有理数，実数と広がっていく様子を見ました．考えている数の世界では収まり切らなくなり，拡張されていったのです．拡張の過程で，四則演算の基本ルールである，等式の基本性質，加法と乗法に関する交換法則，結合法則，分配法則が常に成立していました．

　複素数は，実数の中には存在しない $-1$ の平方根 $i = \sqrt{-1}$ を実数に付け加えて四則演算の基本ルールが成り立つようにした数です．この章では，複素数の四則演算の計算規則を定めます．

　歴史的に見ても，負の数が受け入れられるまでに長い時間がかかったのと同様に，「虚数」$i$，そして複素数がそう簡単に受け入れられた訳ではありません．本書を読み進んでいく中で，読者の皆さんにも徐々に複素数を数の仲間として受け入れてもらいたいと思います．前置きとして，複素数誕生の歴史の断片を見ることから始めましょう．

---

[1] ライプニッツ（1646〜1716）はドイツの数学者．

# 第2章　複素数の四則演算

## §1　虚数の兆し

　ルネサンス期のイタリアで，方程式の解法に関連して負の数の平方根がほんの少し姿を現しました．当時は，3次方程式や4次方程式の問題を解く数学の賭け試合が行われており，解法が研究されていました．

### ■ アルス・マグナ

　カルダーノは，1545年の著書『アルス・マグナ』(偉大なる技法) の中で

　　　「和が10，積が40になる2つの数を求めよ」

という問題を取り上げました．(『アルス・マグナ』は，3次方程式，4次方程式の解法を記したもので，代数学の歴史において非常に重要な書物ですが，この問題は2次方程式に関するものです．) 2つの数を $x, y$ とすると，連立方程式

$$x + y = 10, \quad xy = 40$$

が得られますが，$y = 10 - x$ を2番目の式に代入すると，

$$x(10 - x) = 40$$

という2次方程式になります．2次方程式の解法は古代バビロニアにさかのぼり，当時既によく知られていました．ただし，当時のヨーロッパでは，負の数の平方根を考えるどころか，負の数さえ数として認知されておらず，方程式の解は正のものだけが考えられていました．ところが，カルダーノは，あまり

45

意味がないとしつつも，上の 2 次方程式の解は $x = 5 \pm \sqrt{-15}$ であり，和が 10，積が 40 になる 2 つの数を求めよという問題の答えは，$5 + \sqrt{-15}$ と $5 - \sqrt{-15}$ であると記しました．

実際に解いてみましょう．学校数学で習うように，上の 2 次方程式を $x^2 - 10x + 40 = 0$ の形に変形します．2 次方程式

$$ax^2 + bx + c = 0$$

の解の公式

$$x = \frac{-b \pm \sqrt{b^2 - 4ac}}{2a}$$

を使うと，

$$x = \frac{10 \pm \sqrt{10^2 - 160}}{2} = \frac{10 \pm \sqrt{-4 \cdot 15}}{2}$$
$$= \frac{10 \pm 2\sqrt{-15}}{2} = 5 \pm \sqrt{-15}$$

が得られます．（平方根の中が負になるので，実数解に限ればこの 2 次方程式は解を持たないということになります．）この $x$ に対して，$y = 10 - x = 5 \mp \sqrt{-15}$（複号同順）となります．結局，和が 10，積が 40 の 2 数は，複素数 $5 + \sqrt{-15}$ と $5 - \sqrt{-15}$ であることがわかりました．

これらの数の和と積

$$\left(5 + \sqrt{-15}\right) + \left(5 - \sqrt{-15}\right) = 10$$
$$\left(5 + \sqrt{-15}\right) \cdot \left(5 - \sqrt{-15}\right) = 5^2 - \left(\sqrt{-15}\right)^2$$
$$= 25 - (-15) = 40$$

は，確かに問題の条件を満たしています．（ここでは $\sqrt{-15}$ と表記しましたが，虚数単位 $i = \sqrt{-1}$ を使えば $\sqrt{-15} = \sqrt{15}\,i$ と表されます．）

高校の教科書では，この例のように，判別式 $b^2 - 4ac$ が負になって，2次方程式の解の公式に負の数の平方根が現れる場合は，実数の範囲では「解なし」であるが，数の範囲を実数から複素数に広げると，虚数解が存在するという流れで話を進めています．いったん，複素数を数として受け入れてしまえばその通りですが，歴史の中では，2次方程式に解がないと困るという理由で負の数の平方根が数として認められた訳ではありません．より切実な出来事として，3次方程式の「実数解」の考察の中で，負の数の平方根が姿を現したことを次に見ます．

## ■ ボンベリ

ボンベリは，1572年の著書『代数学』の中で，3次方程式

$$x^3 - 15x - 4 = 0$$

の解を考察しました[2]．$x = 4$ とすると，$4^3 - 15 \cdot 4 - 4 = 64 - 60 - 4 = 0$ となり，方程式の等号が成り立つので，$x = 4$ はこの3次方程式の解であることがわかります．ボンベリに先立って，カルダーノが著書『アルス・マグナ』で発表して

---

[2] カルダーノやボンベリの時代には，負の数は考えられなかったので，ボンベリが考察した3次方程式 $x^3 - 15x - 4 = 0$ は正の数を係数とする $x^3 = 15x + 4$ の形で扱われていましたが，以下の説明では，負の数も許した形で記述します．

いた，3次方程式 $x^3 + px + q = 0$ の解の公式

$$x = \sqrt[3]{-\frac{q}{2} + \sqrt{\frac{q^2}{4} + \frac{p^3}{27}}} + \sqrt[3]{-\frac{q}{2} - \sqrt{\frac{q^2}{4} + \frac{p^3}{27}}}$$

を上の方程式に適用すると，

$$x = \sqrt[3]{2 + \sqrt{-121}} + \sqrt[3]{2 - \sqrt{-121}}$$

となり，負の数 $-121$ の平方根が現れ，さらに3乗根までついた複雑な形になります．ボンベリは，次のような考察により，この複雑な形の「数」と上の方程式の実数解4を結びつけました．3乗根の中の「数」について，

$$2 + \sqrt{-121} = \left(2 + \sqrt{-1}\right)^3$$

が成り立ちます．実際，3乗の展開公式

$$(a + b)^3 = a^3 + 3a^2b + 3ab^2 + b^3$$

を用いて $\left(2 + \sqrt{-1}\right)^3$ を計算すると，

$$\begin{aligned}\left(2 + \sqrt{-1}\right)^3 &= 8 + 3 \cdot 4\sqrt{-1} + 3 \cdot 2\left(\sqrt{-1}\right)^2 + \left(\sqrt{-1}\right)^3 \\ &= 8 + 12\sqrt{-1} - 6 - \sqrt{-1} \\ &= 2 + 11\sqrt{-1} \\ &= 2 + \sqrt{-121}\end{aligned}$$

となります．同様に

$$2 - \sqrt{-121} = \left(2 - \sqrt{-1}\right)^3$$

第 2 章　複素数の四則演算

がわかります．得られた2式を

$$(2 \pm \sqrt{-1})^3 = 2 \pm \sqrt{-121} \quad （複号同順）$$

のようにひとまとめにして書きます．3乗根をとると，

$$\sqrt[3]{2 \pm \sqrt{-121}} = 2 \pm \sqrt{-1} \quad （複号同順）$$

がわかります．したがって，

$$\begin{aligned} x &= \sqrt[3]{2 + \sqrt{-121}} + \sqrt[3]{2 - \sqrt{-121}} \\ &= (2 + \sqrt{-1}) + (2 - \sqrt{-1}) \\ &= 4 \end{aligned}$$

と簡単になり，実数解4が得られました．3次方程式の解の考察から，次のような驚くべき式が成り立つことがわかったのです．

$$\sqrt[3]{2 + \sqrt{-121}} + \sqrt[3]{2 - \sqrt{-121}} = 4$$

上の考察では，複素数 $2 \pm \sqrt{-121}$ の3乗根が複素数として具体的に書けることがポイントになっています．

ボンベリの時代には，負の数の平方根どころか負の数も考察の対象になっていなかったのですが，ボンベリはそこから一歩踏み出して，上のように負数の平方根を含む数式に対して分配法則，結合法則，そして $(\sqrt{-1})^2 = -1$，つまり複素数の演算規則に相当するルールを定めて計算を行いました．これにより正の実数解4を捉えたところにボンベリの洞察があります．

49

これがただちに複素数の誕生につながった訳ではありませんが，ボンベリが実数解を考察する過程で現れた「実在しない数」の計算法は，やがて本格的に研究され，受け入れられて，大きな実りをもたらしたのです．実際，現代において，複素数は，数学のみならず，電気工学や量子力学等の分野で幅広く応用されています．

3次方程式 $x^3 - 15x - 4 = 0$ の $x = 4$ 以外の解を求めるのは，高校数学の練習問題です．$x = 4$ を解に持つことから，$x^3 - 15x - 4$ は $x - 4$ で割り切れます．割り算を実行すると，3次方程式の左辺は次のように因数分解されます．

$$x^3 - 15x - 4 = (x - 4)(x^2 + 4x + 1).$$

したがって，3次方程式 $x^3 - 15x - 4 = 0$ の解は，$x = 4$ または2次方程式 $x^2 + 4x + 1 = 0$ の解のいずれかです．2次方程式の解の公式より，

$$x = \frac{-4 \pm \sqrt{4^2 - 4}}{2} = -2 \pm \sqrt{3}$$

となるので，3次方程式 $x^3 - 15x - 4 = 0$ は，3個の実数解

$$x = 4, \ -2 + \sqrt{3}, \ -2 - \sqrt{3}$$

を持つことがわかりました．ボンベリの時代には，4以外の2つの負の解にさえも関心は向けられていなかったのです．（解 $-2 \pm \sqrt{3}$ の方も，3乗して $-2 \pm \sqrt{-121}$ になる複素数として $-2 \pm \sqrt{-1}$ 以外のものをとることにより，カルダーノの公式と関連づけることができます.)

## 第 2 章　複素数の四則演算

　負の数の平方根が現れない場合にも，カルダーノの公式が与える解の表示が複雑な形をしていることに変わりはありません．たとえば，3 次方程式 $x^3 + 3x - 4 = 0$ にカルダーノの公式を適用すると，

$$x = \sqrt[3]{2 + \sqrt{5}} + \sqrt[3]{2 - \sqrt{5}}$$

が得られます．$\sqrt{5} > 2$ ですから，

$$\sqrt[3]{2 - \sqrt{5}} = \sqrt[3]{-\left(\sqrt{5} - 2\right)} = -\sqrt[3]{\sqrt{5} - 2}$$

と変形して，

$$x = \sqrt[3]{2 + \sqrt{5}} - \sqrt[3]{\sqrt{5} - 2}$$

と書くこともできます．（ここで $(-1)^3 = -1$ より $\sqrt[3]{-1} = -1$ であることを使いました．）これがカルダーノの方法で求めた 3 次方程式 $x^3 + 3x - 4 = 0$ の実数解（の 1 つ）です．

　一方，3 次方程式 $x^3 + 3x - 4 = 0$ の左辺に $x = 1$ を代入するとゼロになることから，$x = 1$ が解になっています．

$$x^3 + 3x - 4 = (x - 1)(x^2 + x + 4)$$

より，3 次方程式 $x^3 + 3x - 4 = 0$ の $x = 1$ 以外の解は，2 次方程式 $x^2 + x + 4 = 0$ の解です．解の公式により，残りの 2 つの解は虚数解 $x = \dfrac{-1 \pm \sqrt{-15}}{2}$ であることがわかります．ただ 1 つの実数解 1 を持つことから，見かけがまったく違う上の実数解は一致していなければなりません．負の数の平方根は現れないものの，次のような驚くべき等式が得られました．

$$\sqrt[3]{\sqrt{5}+2} - \sqrt[3]{\sqrt{5}-2} = 1$$

心配な人は,電卓や表計算ソフトウェアで左辺の近似値を計算して上の等式を確かめてみるとよいでしょう.

### ■ ルネサンスの奇才

カルダーノの時代は,互いに出題した数学の問題を解く試合が行われており,相手に解けない問題を出題するために難問の解法が編み出されました.ですから,発見した解法は敵対する流派に知られてはいけない秘密だったのです.カルダーノは,タルタリアが編み出した3次方程式の解法を頼み込んで,他に漏らさない約束で教えてもらったのに,後になって無断で発表したことで激しく非難されました.

カルダーノの著書『アルス・マグナ』には,2次方程式,3次方程式,そして弟子フェラーリによる4次方程式の解法が収められています.カルダーノは,方程式の解の個数と方程式の次数の一致,方程式の解と係数の関係など,完全に理解されるのはまだ先になる事実を部分的に理解していました.

ルネサンス期のイタリアといえば,レオナルド・ダ・ヴィンチが多分野にわたる業績で有名ですが,ダ・ヴィンチと生きた時代が重なるカルダーノも多才かつ奇怪な人物です.カルダーノは,医師(後に大学の医学教授,腸チフスの発見など医学上の業績を持つ),ギャンブラー,哲学者,占星術師にして,電車の駆動系にカルダン駆動方式として名を残す科学

技術者，と驚くほど多才です．数学面でも代数学だけでなく，サイコロ賭博に関係して確率に関する先駆的な研究を行っています．自ら占星術により予測した死期を的中させるために予定日に自殺したそうです．

歴史の話はこの辺にして，数学の話に戻りましょう．

## §2 複素数

実数には，加法（+）と乗法（×）およびこれらの逆演算である減法（−）と除法（÷）が定義されており，負の数どうしを掛けると正の数になる等のルールに従っています．第1章で見たように，どんな実数も2乗するとゼロ以上の数になるので，その平方が −1 になる実数は存在しません．言い換えれば，方程式 $x^2 = -1$ は実数の範囲に解を持ちません．以下で詳しく説明するように，複素数とは，2乗すると −1 になる新しい数を考え，これを実数に付け加えて加減乗除の演算規則が実数と同様にうまく成り立つようにした数です．

2乗すると −1 になる新しい数を $\sqrt{-1}$ または $i$ と表記し，**虚数単位**と呼びます．虚数（imaginary number）という言葉は，負数の平方根に対して，想像上の数，架空の数という否定的な意味で17世紀フランスの数学者デカルトが記した言葉です．−1 の平方根を表す $i$ という記号は，スイスに生まれロシアで研究生活を送ったオイラー（1707〜1783）の1777年の論文に始まり，複素数を用いた数学に重要な貢献をした19世紀ドイツの数学者ガウスによって使用されました[3]．数学記号

には, $e, \pi, i,$ 関数を表す $f(x)$, 和を表す $\Sigma$ など, オイラーが導入したものや, オイラーが用いたことで現在も広く使われているものが多数あります. オイラーは, 幅広い分野にわたる大量の独創的な業績とともに, 記号の導入や解析学や代数学の教科書執筆による数学の整理の点でも, 現代に多大な影響力を持つ数学者です. オイラーは, 31歳で右目, 64歳で左目の視力を失いましたが, 生涯にわたって精力的な研究活動を続けました. (電気工学の分野でも複素数が重要ですが, 文字 $i$ は電流を表すのに使われるので, $\sqrt{-1}$ は $j$ と表記されています. またパソコンの数学ソフトウェアには複素数の計算ができるものがあります. たとえば, Maple, *Mathematica* では虚数単位を I, Maxima では %I により表します.)

かくして, 虚数単位 $i = \sqrt{-1}$ は

$$i^2 = -1$$

を満たす数として導入されました. $i$ をいくつも足し合わせたり, $i$ に実数を掛けたり, 実数を足したりして数を作り, さらにできた数を掛けたり足したりを繰り返してできる数を**複素数**といいます.

次の形で表される数を**複素数**という.

$$a + bi \quad (a, b \text{ は実数})$$

$bi$ は実数 $b$ と虚数単位 $i$ の積 $b \cdot i$ を表しますが, 積の順序

---
[3]1777年は, オイラーの長い研究人生の終盤であり, オイラーは多くの著作で $\sqrt{-1}$ を用いています. ちなみに1777年はガウスが生まれた年です.

## 第2章 複素数の四則演算

を入れ替えても等しい，つまり

$$bi = ib \quad (b \text{ は実数})$$

が成り立つと約束します．実数の場合と同じように $1 \cdot i = i$, $-1 \cdot i = -i$ と表します．

虚数単位 $i$ の実数倍 $bi$ を**純虚数**といいます．（$b = 0$ のとき $0 \cdot i = 0$ は実数になるので，純虚数から除外されることもあります．）複素数 $a + bi$ において，$b = 0$ のとき $a + 0 \cdot i$ は実数 $a$ を表し，$a = 0$ のとき $0 + bi$ は純虚数を表します．つまり，実数と純虚数は特別な形をした複素数であるということができます．特に，

$$1 = 1 + 0 \cdot i, \quad i = 0 + 1 \cdot i$$

となっています．

複素数 $a + bi$ に対して，実数 $a, b$ をそれぞれこの複素数の**実部**，**虚部**と呼びます．（以下，文脈の上で明らかな場合は，$a + bi$ のような表示式において，$a, b$ が実数であることをいちいち断らないことにします．）複素数 $\alpha = a + bi$ の実部，虚部をそれぞれ

$$\operatorname{Re} \alpha = a, \quad \operatorname{Im} \alpha = b$$

と書きます．虚部がゼロの複素数が実数，実部がゼロの複素数が純虚数になっています．複素数の中で実数でないもの，つまり虚部がゼロでない複素数 $a + bi$ ($b \neq 0$) を**虚数**といいます．先にも述べたように，「虚数」は，英語の imaginary number（想像上の数）の訳語です．たとえば，「2次方程式の虚数解」

のように方程式の実数でない解を表す際に用います．(虚数という言葉が純虚数の意味で使われることもありますが，本書では，実数を除く複素数の意味で使うことにします．)

複素数 (2つの実数が複合した数) という言葉は，19世紀の数学者ガウスによるものです．(ガウスの用いたドイツ語では, komplexe Zahl, 英語では complex number, 日本語では複素数です．) ガウスの多数の業績は数学をはじめ諸科学に及びますが，複素数関連でも，第3章で扱う複素数の幾何学的表示の考案，代数学の基本定理の証明，複素整数の研究などにより，ガウスは複素数の普及に決定的な役割を果たしました．

2つの複素数が等しいのは，実部と虚部がそれぞれ互いに等しいとき，そしてそのときに限ると定めます．

> **複素数の相等**
> 実数 $a, b, c, d$ に対して，
> $$a + bi = c + di \iff a = c \text{ かつ } b = d$$

($\iff$ はその両側にある主張が同値であることを示す記号であり，「かつ」はその両側の主張が同時に成り立つことを意味します．)

## §3 複素数の四則演算

複素数の四則演算を順に見ていきましょう．複素数の和は，

$$(a + bi) + (c + di) = (a + c) + (b + d)i$$

## 第2章 複素数の四則演算

により定義されます．実部，虚部をそれぞれ足し合わせるのです．たとえば，

$$(-3 + 2i) + (1 - 4i) = (-3 + 1) + (2 - 4)i = -2 - 2i$$

となります．

複素数の積は，

$$(a + bi)(c + di) = ac + adi + bci + bdi^2$$

のように，$i$ を含む文字式として展開して，$i^2 = -1$ を用いて計算します．したがって，2つの複素数の積は，

$$(a + bi)(c + di) = (ac - bd) + (ad + bc)i$$

となります．この式で $a = c = 0, b = d = 1$ としたものが，虚数単位 $i$ の満たす関係式 $i^2 = -1$ になっています．

複素数の積の計算例を挙げましょう．

$$(-3i)^2 = 9i^2 = -9,$$
$$(5 - 2i)(4 + 3i) = 20 + 15i - 8i - 6i^2$$
$$= 20 + 6 + 7i = 26 + 7i.$$

複素数の加法と乗法についても，実数の場合と同様の加法と乗法の基本法則が受け継がれています．任意の複素数 $\alpha, \beta, \gamma$（アルファ，ベータ，ガンマ）に対して，次の性質が成り立ちます．

> **加法と乗法の基本性質**
>
> $\alpha + \beta = \beta + \alpha$ （加法の交換法則）
>
> $\alpha\beta = \beta\alpha$ （乗法の交換法則）
>
> $(\alpha + \beta) + \gamma = \alpha + (\beta + \gamma)$ （加法の結合法則）
>
> $(\alpha\beta)\gamma = \alpha(\beta\gamma)$ （乗法の結合法則）
>
> $\alpha(\beta + \gamma) = \alpha\beta + \alpha\gamma$ （分配法則）

そして，任意の複素数 $\alpha$ に対して，

$$\alpha + 0 = \alpha, \quad \alpha \cdot 0 = 0, \quad \alpha \cdot 1 = \alpha$$

が成り立ちます．

乗法の結合法則と分配法則以外は，実数の加法と乗法に対する法則と複素数の加法と乗法の定義よりすぐにわかります．乗法の結合法則と分配法則についても，成立することを定義に基づいて確かめることもできます．あるいは，$i$ を含む文字式と考えて計算を行った後，$i^2$ を $-1$ で置き換えるという，複素数の乗法の規則と，実数を係数とする多項式の和と積に対して結合法則と分配法則が成り立つことを使えば，複素数に対して乗法の結合法則と分配法則が成り立つことがわかります．

複素数の和の方はまだしも，積を与える式は複雑で訳がわからないと思うかもしれません．複素数が「数」と呼ぶに足る資格を持つ理由は，加法，乗法の逆演算である減法，除法を含めた四則演算が自由に行える点にあります．減法と除法

第 2 章　複素数の四則演算

が定まることは以下で見ます.

複素数 $\alpha = a + bi, \beta = c + di$ の引き算は,

$$\alpha - \beta = (a + bi) - (c + di) = (a - c) + (b - d)i$$

のように実部どうし,虚部どうしを引いて計算します.たとえば,

$$(3 + 2i) - (-1 + 5i) = \{3 - (-1)\} + (2 - 5)i = 4 - 3i$$

です.$\beta = c + di$ に対して,$-\beta = -c - di$ と定めれば,実数の場合と同様に

$$\alpha - \beta = \alpha + (-\beta)$$

が成り立ちます.$\alpha - \beta$ に $\beta$ を加えると $\alpha$ になるという意味で,減法は加法の逆演算になっています.

複素数 $\alpha, \beta$ $(\beta \neq 0)$ の商

$$\gamma = \frac{\alpha}{\beta} = \frac{a + bi}{c + di}$$

が,$\beta$ を掛けると $\alpha$ になる複素数として定まることは,差の場合ほど明らかではありませんが,次に述べる $\beta$ の共役複素数 $\bar{\beta}$ を利用することによりうまく処理することができます.

■ 共役複素数

複素数の積 $(3 + 4i)(3 - 4i)$ を計算してみると,おもしろいことが起こります.

$$(3 + 4i)(3 - 4i) = 3^2 - 3 \cdot 4i + 4 \cdot 3i - 4^2 i^2$$

$$= 9 - 12i + 12i - (-16) = 25$$

あるいは，展開式 $(\alpha + \beta)(\alpha - \beta) = \alpha^2 - \beta^2$ を用いて，

$$(3 + 4i)(3 - 4i) = 3^2 - 4^2 i^2 = 9 - (-16) = 25$$

とすることもできます．何がおもしろいかというと，2つの虚数の積が実数になっている点です．一般に，2つの複素数 $a + bi$ と $a - bi$ ($a, b$ は実数) を掛けると，

$$(a + bi)(a - bi) = a^2 + b^2$$

のように，実数になります．実数になるというだけでなく，右辺は実数の2乗の和ですから，$a + bi \neq 0$ ならば正の数になっています．

虚部の符号を変えた関係にある複素数 $a + bi$ と $a - bi$ ($a, b$ は実数) を互いに**共役な複素数**といいます．複素数 $\alpha$ と互いに共役な複素数を $\bar{\alpha}$ で表し，$\alpha$ の**複素共役**または**共役複素数**といいます[4]．つまり

---
**共役複素数**

$$\alpha = a + bi \quad \longleftrightarrow \quad \bar{\alpha} = a - bi \qquad (a, b \text{ は実数})$$
---

です．また，$\bar{\bar{\alpha}} = \alpha$，すなわち2回複素共役をとると元に戻ります．

$$\alpha + \bar{\alpha} = 2a, \quad \alpha - \bar{\alpha} = 2bi$$

---
[4] 複素共役，共役複素数はいずれも英語では "complex conjugate" です．共役は conjugate の訳語で対（つい）になっている関係を表します．本来は「共軛」ですが，常用漢字内の「共役」で代用するのが慣用になっています．繁体字が使用されている台湾では，「共役複素数」は「共軛複數」と書かれます．

より，複素数 $\alpha$ の実部 $\mathrm{Re}\,\alpha$ と虚部 $\mathrm{Im}\,\alpha$ を

$$\mathrm{Re}\,\alpha = \frac{\alpha + \bar{\alpha}}{2}, \quad \mathrm{Im}\,\alpha = \frac{\alpha - \bar{\alpha}}{2i}$$

と表すことができます．また，複素数の中で，実数は虚部がゼロ，純虚数は実部がゼロであるものとして特徴づけられることを共役複素数を用いて表せば，

$$\alpha \text{ が実数} \iff \alpha = \bar{\alpha}$$
$$\alpha \text{ が純虚数} \iff \alpha = -\bar{\alpha}$$

となります．

上で見たように，

$$\alpha\bar{\alpha} = (a+bi)(a-bi) = a^2 + b^2$$

となります．複素数 $\alpha$ の**絶対値**を

$$|\alpha| = \sqrt{\alpha\bar{\alpha}}$$

により定めます．複素数の絶対値はゼロ以上の実数になります．

---

**複素数の絶対値**

$$|a+bi| = \sqrt{a^2 + b^2} \quad (a, b \text{ は実数})$$

---

たとえば，

$$|1 + i| = \sqrt{1^2 + 1^2} = \sqrt{2}$$

です．複素数の絶対値の図形的な意味については，次の章で説明します．

複素数がゼロに等しいのは，その絶対値がゼロに等しいとき，そしてそのときに限ります．つまり，

$$\alpha = 0 \iff |\alpha| = 0$$

が成り立ちます．実際，任意の実数 $x$ に対して $x^2 \geq 0$ であり，$x = 0$ のときに限り $x^2 = 0$ となることを使うと，

$$|a + bi| = \sqrt{a^2 + b^2} = 0 \iff a = b = 0$$
$$\iff a + bi = 0$$

が示されます．

## ■ 複素数の除法

共役複素数を使って，複素数 $a + bi$ の逆数を $c + di$ の形で表すことができます．まず例として，$1 + i$ の逆数 $\dfrac{1}{1+i}$ を考えてみましょう．分母の共役複素数 $\overline{1+i} = 1 - i$ を分母と分子に掛けると，

$$\frac{1}{1+i} = \frac{1-i}{(1+i)(1-i)} = \frac{1-i}{2} = \frac{1}{2} - \frac{1}{2}i$$

となります．$i = \sqrt{-1}$ ですから，これは高校数学で学ぶ分母の有理化

$$\frac{1}{\sqrt{2}+1} = \frac{\sqrt{2}-1}{(\sqrt{2}+1)(\sqrt{2}-1)} = \sqrt{2} - 1$$

と同様の式変形であることに気付くでしょう．

第 2 章　複素数の四則演算

一般に，ゼロでない複素数 $\alpha = a + bi$（$a, b$ は実数）に対して，

$$|\alpha|^2 = \alpha\bar{\alpha} = a^2 + b^2$$

はゼロでない実数なので，$\alpha\bar{\alpha} = |\alpha|^2$ の両辺に $\dfrac{1}{|\alpha|^2}$ を掛けると，

$$\alpha \cdot \frac{\bar{\alpha}}{|\alpha|^2} = 1$$

となります．これは $\alpha$ の逆数（乗法に関する逆元）が複素数 $\dfrac{\bar{\alpha}}{|\alpha|^2}$ であること，つまり

$$\frac{1}{\alpha} = \frac{\bar{\alpha}}{|\alpha|^2}$$

を意味しています．実部と虚部を用いて書けば，

---

**複素数の逆数**

$$\frac{1}{a+bi} = \frac{a-bi}{(a+bi)(a-bi)} = \frac{a-bi}{a^2+b^2} \quad (a+bi \neq 0)$$

---

となります．（最初の等号は $a + bi$ の共役複素数 $a - bi$ を分母・分子に掛けています．）

複素数の割り算も，逆数と同じように，共役複素数を用いて計算することができます．たとえば，

$$\frac{-1+7i}{2+i} = \frac{(-1+7i)(2-i)}{(2+i)(2-i)} = \frac{5+15i}{5} = 1+3i$$

です．一般に，$\beta \neq 0$ のとき

$$\frac{\alpha}{\beta} = \frac{\alpha\bar{\beta}}{|\beta|^2}$$

となります. $a, b, c, d$ を用いて書けば, $c + di \neq 0$ のとき

$$\frac{a+bi}{c+di} = \frac{(a+bi)(c-di)}{(c+di)(c-di)} = \frac{(ac+bd)+(bc-ad)i}{c^2+d^2}$$

となります.

以上により，複素数の範囲で加減乗除の四則演算が行えることがわかりました．そして，第1章で述べた

> **等式の基本性質**
> 等式の両辺に同じ数を足しても引いても，掛けても割っても等号が成立する．

は複素数の範囲でも問題なく成立します．

何の意味があるんだという疑問は当然あるでしょうが，四則演算のルールが定められたという意味で，新しい「数」を手に入れました．振り返ってみると，複素数とは $a + bi$ ($a, b$ は実数) の形の記号に，次のように加法と乗法のルールを定めることにより他のすべて (減法，除法，四則演算の法則) が導かれたということができます．($\sqrt{-1}$ を含む数の演算規則を与えたボンベリ (Bombelli) にちなんでかっこ内に B と書きました．本書ではこれと同等なルールがいくつか登場します．)

> **加法と乗法のルール (B)**
>
> $$(a+bi) + (c+di) = (a+c) + (b+d)i$$
> $$(a+bi)(c+di) = (ac-bd) + (ad+bc)i$$

第 2 章　複素数の四則演算

## ■ 共役複素数と絶対値の性質

複素数 $\alpha = a + bi$ の共役複素数 $\bar{\alpha} = a - bi$ と絶対値 $|\alpha| = \sqrt{a^2 + b^2}$ を利用して，複素数の割り算の結果が複素数になることを見ました．ここではさらに共役複素数と絶対値の重要な性質を与えます．複素数の和または積の複素共役はそれぞれの複素共役の和または積に等しいという性質

---
**共役複素数の性質**

$$\overline{\alpha + \beta} = \bar{\alpha} + \bar{\beta}$$

$$\overline{\alpha\beta} = \bar{\alpha}\bar{\beta}$$

---

があります．実際，$\alpha = a + bi, \beta = c + di$ とおくと，

$$\overline{\alpha + \beta} = \overline{(a + c) + (b + d)i} = (a + c) - (b + d)i,$$

$$\bar{\alpha} + \bar{\beta} = a - bi + c - di = (a + c) - (b + d)i$$

より $\overline{\alpha + \beta} = \bar{\alpha} + \bar{\beta}$ が成り立ちます．

また，$\alpha\beta = (ac - bd) + (ad + bc)i$ より，

$$\overline{\alpha\beta} = (ac - bd) - (ad + bc)i$$

です．一方，

$$\bar{\alpha}\bar{\beta} = (a - bi)(c - di) = (ac - bd) - (ad + bc)i$$

となり，確かに $\overline{\alpha\beta} = \bar{\alpha}\bar{\beta}$ が成り立ちます．これを用いて，

> **絶対値の乗法的性質**
>
> $$|\alpha\beta| = |\alpha||\beta|$$

を示すことができます．実際，

$$\begin{aligned}
|\alpha\beta|^2 &= (\alpha\beta)(\overline{\alpha\beta}) \quad \text{（絶対値の定義より）} \\
&= (\alpha\beta)(\bar{\alpha}\bar{\beta}) \quad \text{（複素共役の性質より）} \\
&= (\alpha\bar{\alpha})(\beta\bar{\beta}) \quad \text{（交換法則と結合法則より）} \\
&= |\alpha|^2|\beta|^2 \quad \text{（絶対値の定義より）}
\end{aligned}$$

となり，平方根をとれば証明が終わります．

先に述べたように，複素数の積に関する重要な性質

> $$\alpha\beta = 0 \iff \alpha = 0 \text{ または } \beta = 0$$

が成り立ちます．これは，第4章で係数や変数が複素数の範囲の方程式を因数分解を用いて解く際に基本となる性質です．この性質は，上で示した絶対値の性質

$$\alpha = 0 \iff |\alpha| = 0,$$
$$|\alpha\beta| = |\alpha||\beta|$$

を用いて証明することができます．実際，

$$\begin{aligned}
\alpha\beta = 0 &\iff |\alpha\beta| = 0 \quad \text{（絶対値の性質より）} \\
&\iff |\alpha||\beta| = 0 \quad \text{（絶対値の性質より）} \\
&\iff |\alpha| = 0 \text{ または } |\beta| = 0 \quad \text{（実数の性質より）}
\end{aligned}$$

$\iff \alpha = 0$ または $\beta = 0$ （絶対値の性質より）

のようにして示されます．

## ■ 複素数の絶対値と平方和

複素数の絶対値の性質から，平方数の和の性質が導かれることを見ましょう．複素数の絶対値に関して重要なのは，

$$|\alpha\beta| = |\alpha||\beta|,$$

つまり，積の絶対値はそれぞれの絶対値の積に等しいという乗法的性質です．$\alpha = a + bi, \beta = c + di$ に対して，

$$|\alpha\beta|^2 = |\alpha|^2|\beta|^2$$

を実部と虚部の式で書くと，次が得られます．

---
**ブラーマグプタ-フィボナッチの恒等式**

$$(ac - bd)^2 + (ad + bc)^2 = (a^2 + b^2)(c^2 + d^2)$$

---

$b$ を $-b$ に変えれば（つまり $\alpha$ を $\bar{\alpha}$ に変えれば），

$$(ac + bd)^2 + (ad - bc)^2 = (a^2 + b^2)(c^2 + d^2)$$

も成り立ちます．これらをまとめると，

$$(ac \mp bd)^2 + (ad \pm bc)^2 = (a^2 + b^2)(c^2 + d^2) \quad \text{（複号同順）}$$

となります．これは，2つの平方数の和の形をした数の積(右辺)が2つの平方数の和（左辺）に等しいことを主張する

ものです．この恒等式は，数学者ブラーマグプタの7世紀の著作や13世紀のフィボナッチの著作で示されています．$a = 3, b = 2, c = 2, d = 1$ とすれば，

$$(6 \mp 2)^2 + (3 \pm 4)^2 = (3^2 + 2^2)(2^2 + 1^2),$$

つまり，

$$65 = (3^2 + 2^2)(2^2 + 1^2) = 4^2 + 7^2 = 8^2 + 1^1$$

という式が得られます．この例は，3世紀古代ギリシャの数学者ディオファントスの『数論』に書かれています．

4つの複素数をギリシャ文字 $\alpha, \beta, \gamma, \delta$（アルファ，ベータ，ガンマ，デルタ）で表します．複素数の絶対値の関係式

$$(|\alpha|^2 + |\beta|^2)(|\gamma|^2 + |\delta|^2) = |\alpha\bar{\gamma} + \beta\bar{\delta}|^2 + |\alpha\delta - \beta\gamma|^2$$

が成り立つことが容易に確かめられます．（これは，ブラーマグプタ-フィボナッチの恒等式と似た形をしています．）これを $\alpha = a + bi, \beta = c + di, \gamma = e + fi, \delta = g + hi$ の実部と虚部の式で書くと，4つの平方数の和に対する類似の恒等式が得られます．

---

**オイラーの四平方恒等式**

$$(a^2 + b^2 + c^2 + d^2)(e^2 + f^2 + g^2 + h^2)$$
$$= (ae + bf + cg + dh)^2 + (af - be + ch - dg)^2$$
$$+ (ag - ce + df - bh)^2 + (ah - de + bg - cf)^2$$

## 第 2 章　複素数の四則演算

これはオイラーが発見した恒等式です．右辺は 4 個の平方数の和，左辺は 4 個の平方数の和で表される数の積になっています．これにより，任意の自然数は 4 個以下の平方数の和で表すことができるというラグランジュの定理の証明は，素数の場合の証明に帰着されます[5]．ラグランジュは 18 世紀のフランスの数学者で，微分積分学の力学への応用で有名です．

ブラーマグプタ-フィボナッチの恒等式が複素数の絶対値の乗法的性質（66 ページ）に対応していたのと同じく，オイラーの四平方恒等式は，ハミルトンの四元数と呼ばれる 4 つの実数が複合した超複素数の絶対値の乗法的性質に対応しています．

### ■ 負の数の平方根に関する注意

負の数の平方根について考えます．虚数単位 $i$ は $\sqrt{-1}$ とも書かれますが，$a$ を正の実数とするとき，負の数 $-a$ の平方根 $\sqrt{-a}$ を

$$\sqrt{-a} = \sqrt{a}\,i$$

と約束します．たとえば，

$$\sqrt{-3} = \sqrt{3}\,i$$

です．この記号法を使うときは注意が必要です．たとえば，

$$\sqrt{2}\sqrt{-3} = \sqrt{2}\sqrt{3}\,i = \sqrt{6}\,i = \sqrt{-6}$$

---

[5]G.H. ハーディ/E.M. ライト『数論入門 II』（丸善出版）第 20 章を参照のこと．

はルールを正しく用いた変形ですが，正の実数 $a, b$ に対して成り立つ公式 $\sqrt{a}\sqrt{b} = \sqrt{ab}$ が実数全体で成り立つと拡大解釈して

$$\sqrt{-2}\sqrt{-3} = \sqrt{(-2)\cdot(-3)}$$

とするのは誤りです．実際，左辺は

$$\sqrt{-2}\sqrt{-3} = \sqrt{2}i \cdot \sqrt{3}i = -\sqrt{6}$$

であるのに対し，右辺は

$$\sqrt{(-2)\cdot(-3)} = \sqrt{6}$$

で食い違っています．実際は，$a < 0, b < 0$ に対しては，

$$\sqrt{a}\sqrt{b} = \sqrt{-a}i \cdot \sqrt{-b}i = -\sqrt{(-a)(-b)} = -\sqrt{ab}$$

が成り立ちます．

もう 1 つ似た例をやってみましょう．

$$\frac{1}{\sqrt{-1}} = \frac{\sqrt{1}}{\sqrt{-1}} = \sqrt{\frac{1}{-1}} = \sqrt{-1}.$$

両辺の分母を払うと，$\left(\sqrt{-1}\right)^2 = 1$，つまり $-1 = 1$ となってしまいます．

第 1 章で，正の数に対する不等式の規則を負の数まで広げると変なことが起こる例を見ましたが，上の 2 つの例のように，負の数の平方根の扱いも注意しないとおかしなことが起こります．数学の記号や計算規則は形式的に適用して間違いが起こりにくいように作られていますが，適用できる範囲を間違えると誤った結果が出てきてしまうので注意が必要です．

第 2 章　複素数の四則演算

■ 複素数の大小関係

実数には不等号 (<, >) で表される大小関係があります．複素数には大小関係がないと言われますが，「大小」（あるいは「順序」）という言葉の定義をはっきりしておかないと話が混乱します．

実数の大小関係には次の 4 つの性質があります．

(1) 2 つの実数 $a, b$ に対して，$a > b, a = b, b > a$ のいずれか 1 つだけが成り立つ．

(2) $a > b$ かつ $b > c$ ならば $a > c$．

(3) $a > b$ ならば $a + c > b + c$．

(4) $a > b, c > 0$ ならば $ac > bc$．

(1) と (2) は大小関係がつけられるということで，(3) と (4) は演算と関係した性質です．

複素数に対して順序関係 > があるかどうか考える際には，上の性質だけに注目して，複素数に対して順序関係 > を定めることができるかを考えます．複素数の場合にも，(4) を除く (1), (2), (3) に当たる性質を満たす順序を定めることは可能です．たとえば，2 つの複素数 $\alpha = a + bi, \beta = c + di$ に対して，実部の大小関係 $a > c$ があれば $\alpha > \beta$ とし，$a = c$ のときは，虚部の大小関係を見て $b > d$ ならば $\alpha > \beta$ とします．実部，虚部がそれぞれ等しければ $\alpha = \beta$ ですから，このように定めれば，$\alpha > \beta, \alpha = \beta, \beta > \alpha$ のいずれか 1 つだけが成り立ちます．このような順序を辞書式順序といいます．これが 3 番目

71

の性質, $\alpha > \beta$ ならば $\alpha + \gamma > \beta + \gamma$, を満たすことは明らかです.

しかし, (4) の性質も満たす順序関係を複素数に定義することはできません. 実際, もし複素数に上の (1) から (4) までが成り立つ順序関係が定義されたとすると, $i \neq 0$ だから, $i > 0$ または $0 > i$ のいずれかが成り立ちます. $i > 0$ とすると, (4) で $a = i, b = 0, c = i$ とすると, $i^2 > 0$, つまり $-1 > 0$ が得られます. 両辺に 1 を足すと, (3) より $0 > 1$ となります. (今, 実数の不等号と両立することを要請していないので, この段階では矛盾と見なしません.) さらに (4) で $a = -1, b = 0, c = -1$ とすると, $(-1)^2 > 0$, つまり $1 > 0$ が得られます. すると, $0 > 1$ と $1 > 0$ の両方が成り立つことになり, (1) に矛盾します. $0 > i$ と仮定しても同様に矛盾を導くことができます. 以上で, 複素数に (1) から (4) までを満たす順序関係を定義することはできないことが証明されました.

まとめると次のようになります.

> 複素数の間に四則演算と調和した大小関係を定義することはできない.

複素数を定義して, その四則演算の性質を見てきました. 実数 $b$ と $i^2 = -1$ を満たす数 $i$ の積 $bi$, 実数 $a$ と $bi$ という異質なものの和 $a + bi$, と訳がわからないことばかりで納得し難いと感じたとしても無理からぬことです.

このような気持ち悪さを取り除き, $i = \sqrt{-1}$ に悩まされることのない複素数の代数的な定義を 19 世紀の数学者, イギリ

第 2 章　複素数の四則演算

スのハミルトンとフランスのコーシーが与えました．これらの複素数の定義は，第 3 章 §3 で与えます．

　四則演算ができる「数」という複素数の代数的側面を見ただけでは，複素数の有用性を理解するのに十分ではありません．それは，読者の皆さんにとっても，数学の歴史においても同様です．次の章では，複素数 $a+bi$ を座標平面上の点 $(a,b)$ と対応させて，複素数の四則演算の図形的な意味を明らかにします．複素数を平面上の点と見なす複素数平面のイメージは，複素数の理解を大きく前進させるものです．代数的側面と幾何学的側面の両面を備えていることが，複素数の特徴であり，その有用性の元となっていることがだんだんと理解してもらえることでしょう．

# 第3章　複素数の幾何学

> ガウスは真に自信に満ちた科学的な方法で複素数
> を用いた最初の数学者である
>
> ハーディ[1]

第2章では，実数から複素数に数の世界を広げて，加減乗除の四則演算について見ました．一方，第1章で述べたように，実数は直線上の点として表すことができます．複素数 $a+bi$ をその実部と虚部を座標とする座標平面上の点 $(a,b)$ として表すことにより，実数から複素数への拡張を数直線から数平面への拡張と見なすことができます．

複素数を平面上の点として捉えるという考え方は，複素数の理解，定着，応用において決定的な役割を果たしました．そして我々が複素数を理解し，それを用いる際にも，非常に重要な見方です．

## §1　複素数平面における加法と乗法

### ■ 実数直線から複素数平面へ

複素数 $a+bi$ に対してその実部 $a$ を $x$ 座標，虚部 $b$ を $y$ 座標とする $xy$ 座標平面上の点 $(a,b)$ を対応させることを考えま

---

[1] ハーディ（1877〜1947）はイギリスの数学者．G.H. ハーディ，E.M. ライト著『数論入門 I』（丸善出版）より

第 3 章　複素数の幾何学

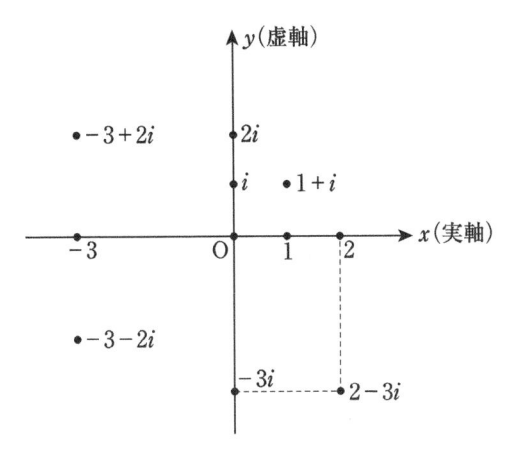

図 3.1　複素数平面上の点

す．このように複素数と対応をつけた平面を**複素数平面**または複素平面といいます（図 3.1）．複素数平面を考案した人名を冠して，アルガン図，ガウス平面とも呼ばれます．特に座標平面の原点 O は数 0 と対応しています．

実数 $a = a + 0i$ は $x$ 軸上の点，純虚数 $bi = 0 + bi$ は $y$ 軸上の点で表されているので，$xy$ 平面を複素数平面と見なすとき，$x$ 軸を**実軸**，$y$ 軸を**虚軸**といいます．

図 3.1 は，複素数平面上にいくつかの複素数を示したものです．実軸上に実数，虚軸上に純虚数がいくつか描かれています．そして，実数と純虚数の和として表される複素数がいくつか描かれています．たとえば，$2-3i$ は 2 と $-3i$ の和の形をしていますが，複素数平面上で見ると，これら 3 つの数と 0 は長方形の頂点になっています．0 と $2-3i$ の距離は，ピタゴラスの定理（三平方の定理）より，$\sqrt{2^2 + 3^2} = \sqrt{13}$ です．

これは，第2章で定義した複素数 $2-3i$ の絶対値です．実数直線の場合と同じく複素数平面上でも，原点Oと複素数の距離が絶対値になっています．また，$-3+2i$ とその共役複素数（虚部の符号を逆にした複素数）$-3-2i$ は，実軸に関して対称な点になっています．

上の例で見た一般的事実をまとめておきます．

---

**複素数平面**

$$複素数全体 \longleftrightarrow 座標平面$$
$$a+bi \longleftrightarrow (a,b)$$

$\alpha = a+bi$ と共役複素数 $\bar{\alpha} = a-bi$ は実軸に関して対称．
$\alpha = a+bi$ の絶対値 $|\alpha| = \sqrt{a^2+b^2}$ は0と$\alpha$の距離．

---

次に複素数の加法，乗法が複素数平面の幾何の言葉でどう表されるかを考えます．

## ■ 複素数の加法，実数倍の幾何学的意味

複素数 $\alpha$ に0を足すと $\alpha+0 = 0+\alpha = \alpha$ で複素数平面上で位置が変わりません．ゼロでない2つの複素数 $\alpha$ と $\beta$ の和 $\alpha+\beta$ は，図3.2左図のように，複素数平面上で $0, \alpha, \alpha+\beta, \beta$ がこの順に平行四辺形の頂点であるような複素数になります．実際，加法の計算ルール $\alpha+\beta = (a+bi)+(c+di) = (a+c)+(b+d)i$ より，図3.2右図の斜線部分の2つの三角形が合同であることがわかり，向かい合う辺が平行で長さが等しくなり，平行四辺形ができます．（これは，原点を始点とするベクトルの加

第 3 章 複素数の幾何学

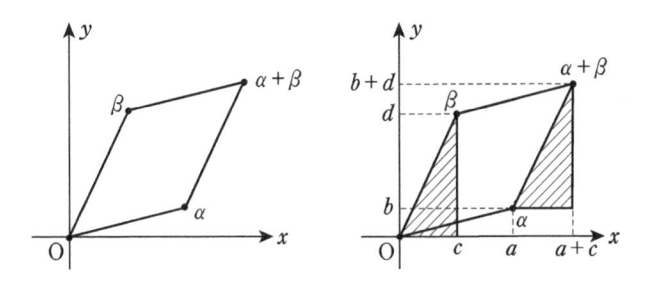

図 3.2 複素数の加法（平行四辺形ルール）

法のルールと同じです．)

---

**複素数の加法の平行四辺形ルール**（図 3.2）
点 $0, \alpha, \alpha+\beta, \beta$ はこの順に平行四辺形の頂点である．

---

複素数の加法を別の角度から見てみましょう．複素数 $\beta$ を1つ固定しておきます．$\beta$ を加えると，$0$ は $0+\beta=\beta$ に，$\alpha$ は $\alpha+\beta$ に移りますが，これを図 3.3 のように比べると，$0$ の移動と $\alpha$ の移動は平行で同じ長さの向きのついた線分（ベクトル）になっています．つまり，$\beta$ を加える操作は，複素数平面の平行移動です．（このように理解すれば，$\alpha$ が $0$ と $\beta$ を結ぶ直線上にあって平行四辺形が作れない場合も含めて $\alpha+\beta$ の位置は，平行移動により定まります．)

複素数 $\beta$ を加える操作を $f(z)=z+\beta$ のように書いて，複素数平面上の点 $z$ を複素数平面上の点 $f(z)=z+\beta$ に対応させる規則を与えていると見なし，**複素数平面の変換**または複素数平面から複素数平面への**写像**といいます．上で見たことをまとめると，次のようになります．

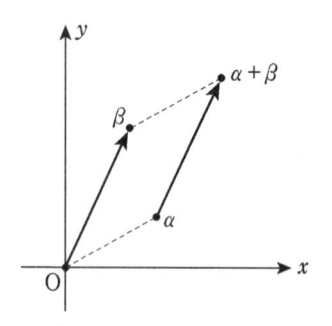

図 3.3　変換 $f(z) = z + \beta$ は平行移動

> 複素数平面の変換 $f(z) = z+\beta$ は平行移動である（図 3.3）．

複素数平面の変換の概念は慣れないと理解しにくいと思いますが，後で複素数の乗法の幾何学的意味を理解する際にも大変重要となります．

また，平行四辺形の辺の長さと対角線の長さを比較すると，

$$|\alpha + \beta| \leq |\alpha| + |\beta|$$

が成立することがわかります．これは，$0, \alpha, \alpha+\beta$ を頂点とする三角形の 3 辺の長さ $|\alpha|, |\beta|, |\alpha+\beta|$ の間に成立する不等式と見ることができ，三角不等式と呼ばれます（図 3.4）．三角不等式において等号が成立するのは，三角形がつぶれて線分または点になってしまう場合です．つまり，次が成り立ちます．

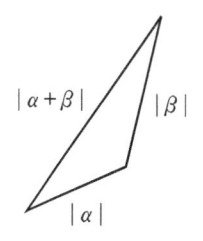

図 3.4　三角不等式 $|\alpha + \beta| \leq |\alpha| + |\beta|$

---

**三角不等式**

$$|\alpha + \beta| \leq |\alpha| + |\beta|$$

等号成立 $\iff$ $0, \alpha, \beta$ が 1 直線上にある

---

ここでは，線分の長さの比較により三角不等式を説明しましたが，第 2 章で述べた代数的な計算を用いて証明することもできます．

複素数 の実数倍は，

$$k(a + bi) = ka + kbi \quad (k, a, b \text{ は実数})$$

より，複素数平面上で次のように与えられます．$k > 0$ のとき，$0$ と $k\alpha$ を結ぶ向きのついた線分（有向線分）は $0$ と $\alpha$ と結ぶ有向線分と向きが同じで長さが $k$ 倍になっています（図 3.5）．これは次のようにまとめることができます．

---

複素数平面の変換 $f(z) = kz$（$k$ は正の定数）は原点を中心とする $k$ 倍の相似拡大である．

---

$k = 0$ のとき，$k\alpha = 0$ です．$k < 0$ のとき，$0$ と $k\alpha$ を結ぶ

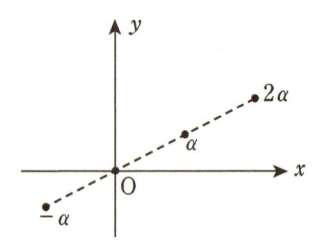

図 3.5 複素数の実数倍

向きのついた線分（有向線分）は 0 と $\alpha$ と結ぶ有向線分と向きが反対で長さが $k$ 倍になっています．

特に $-\alpha = (-1)\alpha$ は 0 に関して $\alpha$ と点対称の位置にあります．あるいは $-\alpha$ は $\alpha$ を原点中心に 180° 回転した点であるということもできます（図 3.5）．

複素数の減法は複素数平面上で次のように与えられます．0 と $\alpha$ を結ぶ線分を対角線とし，$\beta$ を頂点の 1 つとする平行四辺形を作れば，0, $\alpha$, $\beta$ 以外の頂点が $\alpha - \beta$ を表します．また $\alpha - \beta = \alpha + (-\beta)$ が成り立ちます．（図 3.6 参照．図の中に 2 つの平行四辺形があります．複素数の減法は，原点を始点と

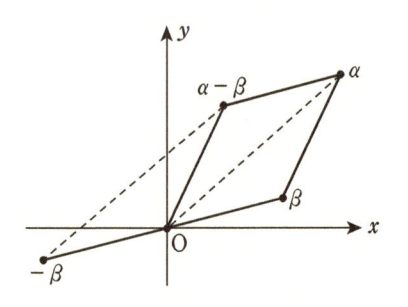

図 3.6 複素数の減法（平行四辺形）

するベクトルの減法と見なすことができます.)

　ベクトルに慣れている読者は,複素数の加法,減法,実数倍は,原点を始点とする平面ベクトルの場合と同じになっていると理解しておけばよいことになります.

## ■ $i$ を掛けることは 90° 回転

　80 ページで注意したように複素数を $-1$ 倍する操作は,複素数平面上では原点を中心とする 180° の回転を行うことと見ることができます.$-1$ を 2 回掛けると,180° 回転を 2 回行って元に戻りますが,これは $(-1)^2 = 1$ と一致しています.

　1 に $i$ を繰り返し掛けていくと,

$$1 \to i \to -1 \to -i \to 1$$

のように 4 回 $i$ を掛けると 1 に戻ります.図 3.7 のように,1, $i$, $-1$, $-i$ は原点中心半径 1 の円に内接する正方形の頂点であり,これらの頂点に $i$ を掛けることは原点を中心とする反時計回りの 90° 回転になっていることがわかります.

　一般に複素数 $a + bi$ に $i$ を掛けると,

$$i(a + bi) = ai + bi^2 = -b + ai$$

となります.図 3.8 のように,$-b + ai$ は $a + bi$ を原点を中心として反時計回りに 90° 回転した点になっています.複素数に $i$ を掛けることは,原点を中心とする反時計回りの 90° 回転を与えていることがわかりました.

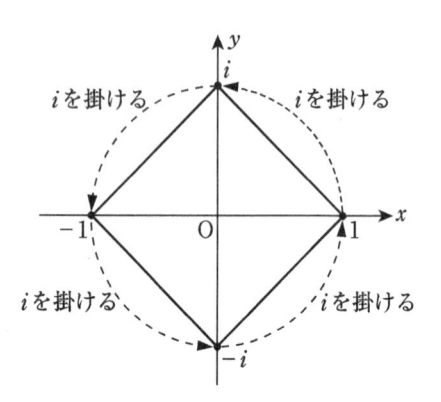

図 3.7　1に$i$を繰り返し掛ける

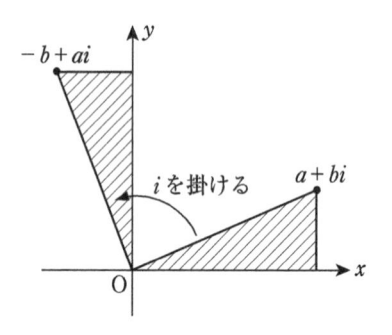

図 3.8　$f(z) = iz$ は複素数平面の 90° 回転

第 3 章　複素数の幾何学

> 複素数平面の変換 $f(z) = iz$ は原点を中心とする反時計回りの 90° 回転である．

このように $i^2 = -1$ と回転角 $90 \cdot 2 = 180$ がうまく符合する鍵となっているのは，座標平面上の $i$ の位置を，原点を中心に 1 を 90° 回転した位置に決めたことです．

■ さらに例

複素数に $i$ を掛けることは 90° 回転であることを見ましたが，もう 1 つ例をやってみましょう．これはとても重要な例です．複素数

$$\omega = \frac{-1 + \sqrt{3}\,i}{2} = -\frac{1}{2} + \frac{\sqrt{3}}{2}i$$

を複素数平面に図示すると図 3.9 のようになります．（$\omega$ はギリシャ文字で「オメガ」と読みます．）図の斜線部の直角三角

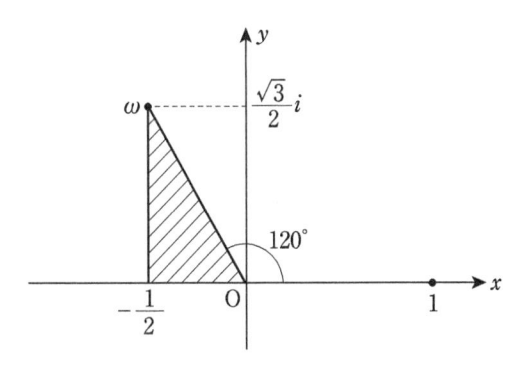

図 3.9　$\omega$ の位置

形の斜辺の長さ $|\omega|$ は，ピタゴラスの定理より，

$$|\omega| = \sqrt{\left(-\frac{1}{2}\right)^2 + \left(\frac{\sqrt{3}}{2}\right)^2} = \sqrt{\frac{1+3}{4}} = 1$$

です．辺の長さの比 $2:1:\sqrt{3}$ に着目すれば，斜線部の直角三角形は，三角定規の一方，正三角形の半分の形で，内角は $90°, 60°, 30°$ になっています．したがって，$x$ 軸の正の方向から $0$ と $\omega$ を結ぶ線分まで反時計回りに測った角は $120°$ です．

次に $1$ から始めて繰り返し $\omega$ を掛けていくと，

$$\omega \cdot 1 = \omega,$$
$$\omega^2 = \frac{\left(-1+\sqrt{3}i\right)^2}{2^2} = \frac{1-3-2\sqrt{3}i}{4}$$
$$= \frac{-1-\sqrt{3}i}{2} = \bar{\omega},$$
$$\omega^3 = \omega\bar{\omega} = \frac{\left(-1-\sqrt{3}i\right)\left(-1+\sqrt{3}i\right)}{2^2} = \frac{1+3}{4} = 1$$

となります．$1$ に戻ったので，後は $\omega^4 = \omega$, $\omega^5 = \omega^2, \cdots$ と規則的に繰り返します．これらの複素数を複素数平面上に描くと図 3.10 のようになります．$1, \omega, \omega^2$ は，3 乗すると $1$ になる数，つまり $1$ の立方根であり，原点を中心とする半径 $1$ の円に内接する正三角形の頂点になっています．これらの頂点に $\omega$ を掛けると原点を中心として反時計回りに $120°$ 回転した点に移動していきます．

複素数に $i$ を掛けるのが $90°$ 回転だったことを思い出せば，図 3.10 の正三角形の頂点以外の複素数に対しても $\omega$ を掛けることは $120°$ 回転であると推測されます．実際そうなってい

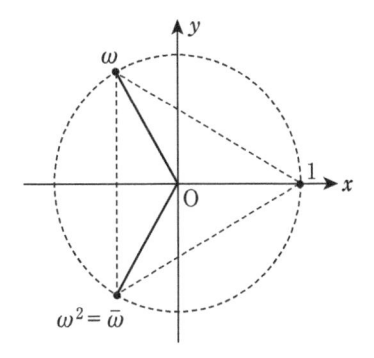

図 3.10　$1, \omega, \omega^2$ は正三角形の頂点　$\left(\omega = \dfrac{-1 + \sqrt{3}\,i}{2}\right)$

ることを見るために，複素数をその絶対値と角度を用いて表す記号を導入します．

## ■ 複素数の極形式

複素数を平面上の点と見なして，その位置を表すために直交座標 $(x, y)$ を用いてきました．平面上の点を表すもう 1 つの方法に，極座標 $(r, \theta)$ を用いる方法があります．ここで，$r$ は原点からの距離，$\theta$ は方角を表します．図 3.11 のように，直交座標 $x, y$ の一方が一定であるような直線は格子状になり，極座標 $r, \theta$ の一方が一定であるような曲線は同心円と放射状の直線になります．複素数の乗法の図形的な意味を調べるには，極座標を用いて複素数を表すのが便利です．

複素数平面上の点 $z = x + yi$ と原点の距離 $r$ は，ピタゴラスの定理より，

$$r = \sqrt{x^2 + y^2} = |z|,$$

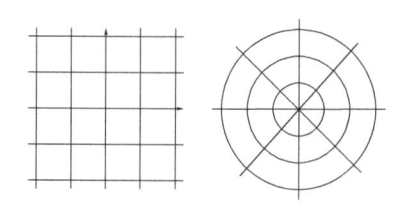

図 3.11　直交座標（左）と極座標（右）の考え方

つまり複素数の**絶対値**で与えられます．

　平面上に原点を定めて，その点からの距離 $r$ を指定しただけでは，（$r = 0$ の場合を除き）点の位置は決まりません．現在位置から北に 1 km の地点，というように方角と距離を決めると位置を特定できます．原点から見た方角を指定するために角度を用います．$x$ 軸の正の方向を基準にして，原点と $z$ を結ぶ線分に向かって反時計回りに測った角 $\theta$ を複素数 $z$ の**偏角**（argument）と呼び，$\arg z$ で表します（図 3.12）．偏角は，

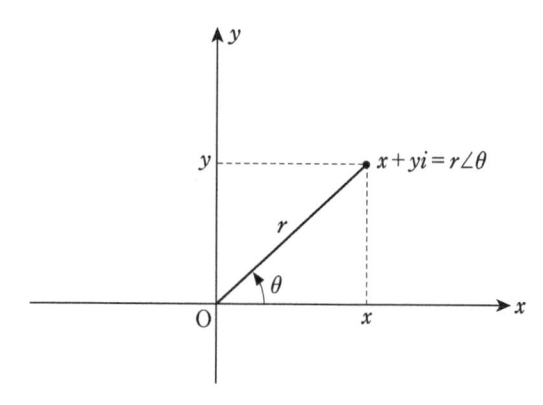

図 3.12　極形式 $z = r\angle\theta$ （絶対値 $r = |z|$, 偏角 $\theta = \arg z$)

86

第 3 章　複素数の幾何学

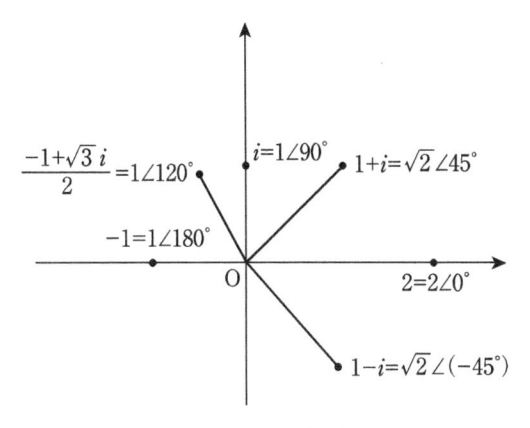

図 3.13　極形式の例

360°の整数倍を除いて決まるものとし，負の角は時計回りに測るものとします．たとえば，正の実数の偏角は 0°，負の実数の偏角は 180°，純虚数 $bi\ (b > 0)$ の偏角は 90°，$bi\ (b < 0)$ の偏角は $-90°$ です．$z = 0$ のとき，偏角は決まりません．（角の単位として，度ではなくラジアンを用いる方が，三角関数の微積分やオイラーの公式を考えるとき便利です．これについては，後で説明します．）

絶対値が $|z| = r$，偏角が $\arg z = \theta$ である複素数 $z$ を

$$z = r\angle\theta$$

と表します．これを複素数 $z$ の**極座標表示**または**極形式**といいます．記号 $r\angle\theta$ は，電気工学者のスタインメッツ（1865〜1923）により導入されたもので，電気工学の分野で使われています．

極形式の例を挙げましょう（図 3.13）．まず実数や純虚数に

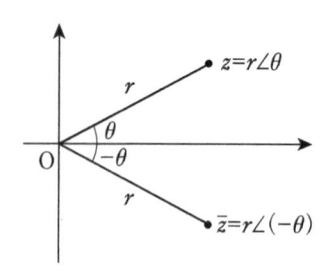

図 3.14 共役複素数と偏角

ついて,

$$2 = 2\angle 0°,$$
$$-1 = 1\angle 180°,$$
$$i = 1\angle 90°$$

です. $|1 + i| = \sqrt{1^2 + 1^2} = \sqrt{2}$, $\arg(1 + i) = 45°$ より,

$$1 + i = \sqrt{2}\angle 45°$$

です. また, 83 ページで考えた $\omega = \dfrac{-1 + \sqrt{3}\,i}{2}$ は,

$$\omega = 1\angle 120°$$

と表されます.

複素数 $z = x + yi$ とその共役複素数 $\bar{z} = x - yi$ は, 複素数平面上で実軸について対称な位置にあり, 絶対値は等しく, 偏角は $-1$ 倍になっています (図 3.14).

$$|\bar{z}| = |z| = r, \quad \arg \bar{z} = -\arg z = -\theta.$$

図 3.13 では, $1 + i = \sqrt{2}\angle 45°$ と $1 - i = \sqrt{2}\angle(-45°)$ が互いに複素共役の関係にあります.

第 3 章　複素数の幾何学

## ■ 複素数の乗法の幾何学的意味

絶対値 1 の複素数 $1\angle\theta$ を選び，複素数 $z$ に $1\angle\theta$ を掛ける 1 次関数を $f(z) = (1\angle\theta)z$ とおきます．$z$ から $f(z)$ への対応は複素数平面のどのような変換になっているでしょうか．答えは，原点を中心とする角 $\theta$ の回転移動です．ただし回転の向きは反時計回りとします．この事実を以下で証明します．

まず 1 と $i$ が $f$ によりどう移動されるかを見ます．$f(1) = 1\angle\theta$ は 1 を原点中心に反時計回りに角 $\theta$ 回転した点です．複素数に $i$ を掛けることは 90° 回転であること（81 ページ）を使えば，$f(i) = i \cdot 1\angle\theta$ は，絶対値が 1，偏角が $\theta + 90°$ の複素数 $1\angle(\theta + 90°)$ であることがわかります．つまり，$f(i)$ は $i$ を $\theta$ 回転した点です．

一般の複素数 $\alpha = a + bi$（$a, b$ は実数）を $a$ と $bi$ の和と見なすと，0 と $\alpha$ を結ぶ線分は図 3.15 のように長方形の対角線になっています．$f(1), f(i)$ はそれぞれ $1, i$ を $\theta$ 回転した点だから，

$$(1\angle\theta)\,a = af(1), \quad (1\angle\theta)\,ib = bf(i)$$

はそれぞれ $a, bi$ を $\theta$ 回転した点です．分配法則により，

$$f(a + bi) = (1\angle\theta)(a + bi) = (1\angle\theta)\,a + (1\angle\theta)\,bi$$

ですが，加法の平行四辺形ルールを長方形に適用すれば，これは $a + bi$ を $\theta$ 回転した点になります（図 3.15）．つまり，0 を頂点とする長方形の 0 をはさむ 2 辺が角 $\theta$ 回転すれば，0 を通る対角線も角 $\theta$ 回転するということです．したがって，$1\angle\theta$ を掛ける変換は，角 $\theta$ の回転であることがわかりました．

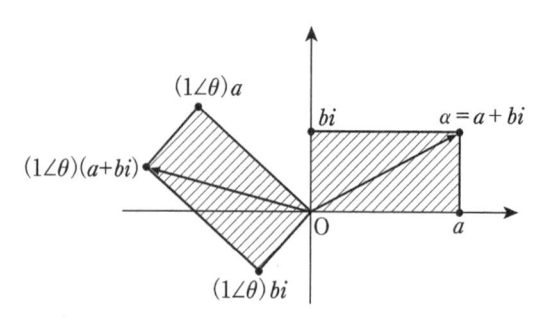

図 3.15　$f(z) = (1\angle\theta)z$ は角 $\theta$ の回転

　絶対値 $r$, 偏角 $\theta$ の複素数 $r\angle\theta$ を掛ける変換は, $r\angle\theta = r(1\angle\theta)$ より, 原点を中心とする反時計回りの角 $\theta$ の回転移動の後, 原点中心の $r$ 倍の相似拡大を行うことに相当します. したがって, ゼロでない複素数 $\beta$ に対して, 次が成り立ちます.

---
複素数 $\beta = r\angle\theta$ を掛ける複素数平面の変換 $f(z) = \beta z$ は角 $\theta$ 回転して, $r$ 倍相似拡大することである.

---

　2 つの複素数の乗法のルールを絶対値と偏角の言葉で次のように述べることができます.

---
**複素数の乗法の幾何学的ルール**

　　$|z_1 z_2| = |z_1||z_2|$　　絶対値は掛け算

　　$\arg(z_1 z_2) = \arg z_1 + \arg z_2$　　偏角は足し算

極形式で書くと

　　$(r_1 \angle \theta_1)(r_2 \angle \theta_2) = (r_1 r_2)\angle(\theta_1 + \theta_2)$

---

第3章　複素数の幾何学

上式より，$r \neq 0$ のとき，

$$(r\angle\theta)\left(\frac{1}{r}\angle(-\theta)\right) = \frac{r}{r}\angle(\theta - \theta) = 1\angle 0 = 1,$$

したがって，$r\angle\theta$ の逆数（乗法に関する逆元）は

$$(r\angle\theta)^{-1} = \frac{1}{r}\angle(-\theta)$$

により与えられます．つまり，複素数の逆数において，絶対値は逆数，偏角は $-1$ 倍になっています．特に $r = 1$ とすると，

$$(1\angle\theta)^{-1} = 1\angle(-\theta)$$

が得られます．したがって，複素数の除法について，

$$\left|\frac{z_1}{z_2}\right| = \frac{|z_1|}{|z_2|} \qquad \text{絶対値は割り算}$$

$$\arg\left(\frac{z_1}{z_2}\right) = \arg z_1 - \arg z_2 \quad \text{偏角は引き算}$$

極形式で書くと

$$\frac{r_1\angle\theta_1}{r_2\angle\theta_2} = \frac{r_1}{r_2}\angle(\theta_1 - \theta_2)$$

が成り立ちます．

複素数の乗法の幾何学的ルールにおいて，特に $r_1 = r_2 = 1$ とすると，

$$(1\angle\theta_1)(1\angle\theta_2) = 1\angle(\theta_1 + \theta_2)$$

が得られます．先に見たように，絶対値が 1 の複素数を掛ける複素数平面の変換は原点中心の回転です．変換の言葉でいうと，上の等式は，角 $\theta_1, \theta_2$ の 2 つの回転を続けて行うと，角

$\theta_1 + \theta_2$ の回転になることを表しています．後で見るように，これは三角関数の加法定理を含んでいます．上式で $\theta_1 = \theta_2 = \theta$ とすれば，

$$(1\angle\theta)^2 = 1\angle(2\theta)$$

となります．さらに 3 乗を考えます．2 乗と 1 乗の積に分けて，今やった 2 乗の場合の結果と乗法のルールを使うと，

$$(1\angle\theta)^3 = (1\angle\theta)(1\angle\theta)^2 = (1\angle\theta)\{1\angle(2\theta)\} = 1\angle(3\theta)$$

となります．同様に繰り返すと，

$$(1\angle\theta)^n = 1\angle(n\theta) \quad (n \text{ は自然数})$$

が成り立ちます．

また，自然数 $n$ に対して，

$$(1\angle\theta)^{-n} = \{(1\angle\theta)^{-1}\}^n = \{1\angle(-\theta)\}^n = 1\angle(-n\theta)$$

が成り立ちます．そして，

$$(1\angle\theta)^0 = 1 = 1\angle 0$$

です．（実数の場合と同じく，ゼロでない複素数のゼロ乗は 1 と定めます．）以上により，次が成り立ちます．

---

**ド・モアブルの定理**

$$(1\angle\theta)^n = 1\angle(n\theta) \quad (n \text{ は任意の整数})$$

---

この等式を三角関数を用いて書き表したものが通常，ド・モ

第 3 章　複素数の幾何学

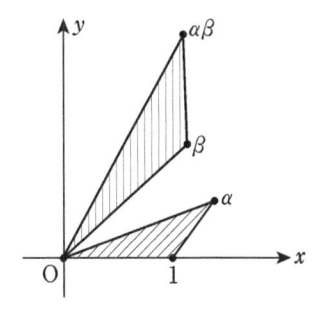

図 3.16　複素数の乗法の相似三角形ルール

アブルの定理と呼ばれています．この式には後でまた戻って来ます．

また，乗法のルールを次のように三角形の相似を用いて言い表すこともできます．

> **複素数の乗法の相似三角形ルール**（図 3.16）
> 点 $0, 1, \alpha$ を頂点とする三角形と $0, \beta, \alpha\beta$ を頂点とする三角形は相似である．

ただし，三角形の相似は，図 3.16 のように三角形の頂点 $0, 1, \alpha$ と $0, \beta, \alpha\beta$ がこの順に対応していることを意味します．言い換えると，三角形の表裏がひっくり返らず，向きを含めて相似ということです．

64 ページで述べた複素数の加法と乗法の代数的な計算ルールを複素数平面の幾何の言葉で言い換えると次のようになります．（平面上の点の間の幾何学的な演算規則を与えたウェッセル（Wessell）にちなんでカッコ内に W と書きました．）

> **加法と乗法のルール(W)**
> (平行四辺形の法則) 点 $0, \alpha, \alpha+\beta, \beta$ はこの順に平行四辺形の頂点である.
> (相似三角形の法則) 点 $0, 1, \alpha$ を頂点とする三角形と $0, \beta, \alpha\beta$ を頂点とする三角形は相似である.

平行四辺形や三角形がつぶれて線分や点になってしまう場合にどうなるかは既に説明しました. また, 複素数 $\beta$ を足す, または掛けることの幾何学的な意味は, 次のようにまとめることができます.

> **複素数平面の変換としての加法, 乗法**
> (加法) 変換 $f(z) = z + \beta$ は, 平行移動 ($0$ を $\beta$ に写す).
> (乗法) 変換 $f(z) = \beta z$ は, 原点を中心に回転して, さらに相似拡大 ($1$ を $\beta$ に写す).

ここでは, 64 ページで与えた加法と乗法のルール(B)から加法と乗法のルール(W)を導きましたが, 逆に幾何学的ルールから代数的ルールを導くこともできます. つまり, これら2つの計算ルールは同値になっています. 証明のあらすじを記しておきます. 加法と乗法のルール(W)だけを用いて幾何学的に, 交換法則, 結合法則, 分配法則を証明します. そして, $1\angle 0°$ を $1$, $1\angle 90°$ を $i$ と定めて, 加法と乗法のルール(B)を導くことができます. 詳細は読者に任せます.

この節では, 複素数を平面上の点として表し, 複素数の四則演算の意味を幾何学的に捉えました. 以下の章で見るよう

第3章　複素数の幾何学

に，複素数の演算の代数的側面と幾何学的側面は密接に結びついて，豊かな実りをもたらします．

## §2　複素数と三角関数

### ■ 弧度

　角の大きさを表すには，1周を360°とする度数法が広く用いられています．直角は90°，正反対は180°などは，数学を使う機会があまりない人にも馴染みがある言葉でしょう．これに対して，1周を$2\pi$とする角の表し方を**弧度法**といいます．ここで$\pi$（パイ）は，円の周の長さと直径の比，つまり円周率を表します．円周率は，3.141592… と循環せずに無限に続く小数で表される無理数です．円周率を表す記号$\pi$は，オイラーが使うことで広く使われるようになりました．図3.17は半径$r$の扇形OAPを示したものですが，弧度法では，中心角$\theta$は

$$\theta = \frac{\text{円弧 AP の長さ}}{r}$$

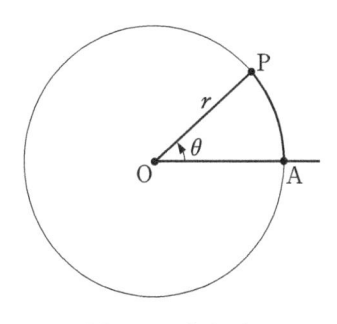

図 3.17　扇形と角

| 度数 | 30° | 45° | 60° | 90° | 180° | 270° | 360° |
|---|---|---|---|---|---|---|---|
| 弧度 | $\dfrac{\pi}{6}$ | $\dfrac{\pi}{4}$ | $\dfrac{\pi}{3}$ | $\dfrac{\pi}{2}$ | $\pi$ | $\dfrac{3\pi}{2}$ | $2\pi$ |

表 3.1　度数法と弧度法の対応例

で与えられます．半径 1 の円弧の長さで角の大きさを測るといっても同じことです．通常は弧度には単位を付けませんが，明示するときはラジアンを使います．たとえば，360° は $2\pi$ ラジアンです．典型的な角度に対する対応は，表 3.1 のようになります．

1 周を 360° とする度数法は，60 秒で 1 分，60 分で 1 時間，(約) 30 日で 1 ヵ月，12 ヵ月 (30 × 12 = 360 日) で約 1 年とする時間の単位とともに，メソポタミア文明にさかのぼる 60 進法の名残です．一方の弧度法は，三角関数の微分積分と親和性が高い点に特徴があり，18 世紀以降使われるようになりました．どういう単位を使うにせよ比例配分により角の大きさが決まる訳ですが，360 が人為的に設定された数であるのに対して，$2\pi$ は円周と半径の比，つまり長さの単位のとり方によらない円に固有の数である点でより自然なものです．本書では，三角関数やオイラーの公式を扱う都合上，これからは弧度法を使うことにします．

以前与えた複素数の極形式の例は，弧度を用いて次のように書かれます．

$$i = 1 \angle \frac{\pi}{2},$$
$$1 - i = \sqrt{2} \angle \left(-\frac{\pi}{4}\right),$$

$$\frac{-1+\sqrt{3}i}{2} = 1\angle\frac{2\pi}{3}.$$

極形式を用いて,乗法と除法の計算例をやってみましょう.

$$(\sqrt{3}+i)(-1-i) = 2\angle\frac{\pi}{6} \cdot \sqrt{2}\angle\left(-\frac{3\pi}{4}\right) = 2\sqrt{2}\angle\left(-\frac{7\pi}{12}\right),$$

$$\frac{\sqrt{3}+i}{-1-i} = \frac{2\angle\frac{\pi}{6}}{\sqrt{2}\angle\left(-\frac{3\pi}{4}\right)} = \sqrt{2}\angle\left(\frac{\pi}{6}+\frac{3\pi}{4}\right) = \sqrt{2}\angle\frac{11\pi}{12}.$$

## ■ 三角関数

絶対値が $r$,偏角が $\theta$ である複素数 $r\angle\theta$ は三角関数を用いて次のように表されます.

$$r\angle\theta = r(\cos\theta + i\sin\theta).$$

本書では $r\angle\theta$ を複素数の極形式としましたが,通常は三角関数を用いた右辺の形を複素数の極形式といいます.三角関数を知らない,または忘れてしまっていても心配はいりません.絶対値1,偏角 $\theta$ の複素数 $1\angle\theta$ の実部,虚部をそれぞれ $\cos\theta$, $\sin\theta$ で定めたと言っても同じことです(図3.18).cos, sin(コサイン,サイン)をそれぞれ余弦関数,正弦関数といいます.

複素数 $1\angle\theta$ の共役複素数は

$$\overline{1\angle\theta} = 1\angle(-\theta)$$

となります.これを実部と虚部の式で表せば,

$$\cos\theta - i\sin\theta = \cos(-\theta) + i\sin(-\theta),$$

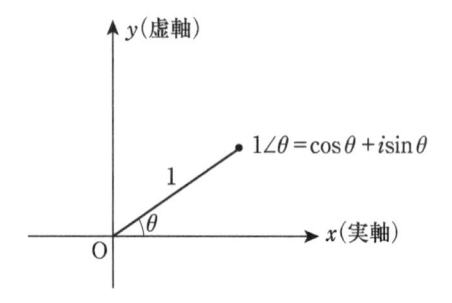

図 3.18 複素数の極形式と三角関数

つまり三角関数の性質

$$\cos(-\theta) = \cos\theta, \quad \sin(-\theta) = -\sin\theta$$

が導かれます．また，原点中心半径 1 の円周上をちょうど 1 周すると同じ点に戻ってくる，つまり

$$1\angle(\theta + 2\pi) = 1\angle\theta$$

であることから，

$$\cos(\theta + 2\pi) = \cos\theta, \quad \sin(\theta + 2\pi) = \sin\theta$$

が成り立ちます．この性質をコサインとサインは周期 $2\pi$ を持つといいます．サインとコサインのグラフを描くと図 3.19 のようになります．

91 ページにおいて乗法の幾何学的ルールから導いた等式

$$(1\angle\theta_1)(1\angle\theta_2) = 1\angle(\theta_1 + \theta_2)$$

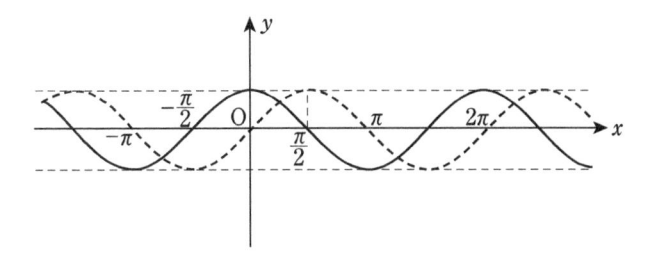

図 3.19  $y = \cos x$（実線），$y = \sin x$（破線）

に $1\angle\theta = \cos\theta + i\sin\theta$ を代入して，コサインとサインを使って書くと，

$$(\cos\theta_1 + i\sin\theta_1)(\cos\theta_2 + i\sin\theta_2)$$
$$= \cos(\theta_1 + \theta_2) + i\sin(\theta_1 + \theta_2)$$

となります．左辺を展開して実部と虚部をまとめると，

$$(\cos\theta_1 + i\sin\theta_1)(\cos\theta_2 + i\sin\theta_2)$$
$$= (\cos\theta_1\cos\theta_2 - \sin\theta_1\sin\theta_2)$$
$$+ i(\sin\theta_1\cos\theta_2 + \cos\theta_1\sin\theta_2)$$

となります．これが $\cos(\theta_1 + \theta_2) + i\sin(\theta_1 + \theta_2)$ に等しいことから，実部・虚部を比較することにより，三角関数の加法定理が得られます．

---

cos と sin の加法定理

$$\cos(\theta_1 + \theta_2) = \cos\theta_1\cos\theta_2 - \sin\theta_1\sin\theta_2$$
$$\sin(\theta_1 + \theta_2) = \sin\theta_1\cos\theta_2 + \cos\theta_1\sin\theta_2$$

---

議論の道筋を振り返ってみましょう．複素数の乗法と回転の関係を調べて，乗法の幾何学的ルールを導きました．そして，乗法の幾何学的ルールから三角関数の加法定理が証明されました．

三角関数の加法定理を既知として認めれば，

$$(r_1 \angle \theta_1)(r_2 \angle \theta_2) = r_1 r_2 (\cos\theta_1 + i\sin\theta_1)(\cos\theta_2 + i\sin\theta_2)$$

を展開して，三角関数の加法定理を用いると，

$$r_1 r_2 \{\cos(\theta_1 + \theta_2) + i\sin(\theta_1 + \theta_2)\} = r_1 r_2 \angle(\theta_1 + \theta_2)$$

に等しいことがわかります．つまり，三角関数の加法定理から乗法の幾何学的ルール

$$(r_1 \angle \theta_1)(r_2 \angle \theta_2) = r_1 r_2 \angle(\theta_1 + \theta_2)$$

が導かれます．多くの数学書ではこちらの道筋がとられています．本書では，幾何学的な議論により乗法の幾何学的ルールを導き，それを用いて三角関数の加法定理の証明を与えました．

複素数の乗法の幾何学的ルールと三角関数の加法定理は同等であり，一見複雑な形をしている三角関数の加法定理は，複素数の乗法の幾何学的ルールの中に，よりシンプルな形で内包されているのです．

## ■ ド・モアブルの定理

92 ページで任意の整数 $n$ に対して，

$$(1 \angle \theta)^n = 1 \angle (n\theta)$$

# 第 3 章　複素数の幾何学

（絶対値が 1 の複素数を $n$ 乗すると，絶対値は 1 で偏角は $n$ 倍される）が成り立つことを示しました．これを三角関数を使って書くと次の形になります．

> **ド・モアブルの定理**
>
> $(\cos\theta + i\sin\theta)^n = \cos n\theta + i\sin n\theta$ 　（$n$ は任意の整数）

　ルイ 14 世のプロテスタント迫害から逃れてイギリスで研究生活を送ったフランス人数学者，ド・モアブル（1667～1754）は，円周の $n$ 等分と複素数の $n$ 乗根，三角関数の $n$ 倍角（あるいは $1/n$ 倍角）の公式との関係を明らかにし，今日ド・モアブルの名で呼ばれる定理と同等の結果を $n$ が自然数の場合に得ていました．オイラーは，今日知られている形のド・モアブルの定理を記し，一般の整数 $n$ に対する証明を与え，さらにこれを最大限活用しました．第 5 章で見るように，ド・モアブルの定理はオイラーの公式 $e^{i\theta} = \cos\theta + i\sin\theta$ とも密接な関係があります．ド・モアブルの定理とその応用が，本書の核心部分をなします．

　複素数平面が登場したのは 19 世紀になってからのことであり，18 世紀のド・モアブル，コーツ，オイラーは，私たちが知っているような複素数の幾何学的理解を持たずに，三角法や角の等分という幾何学的な問題と複素数の驚くべき関係に気付いていたのです．円周の $n$ 等分と複素数の $n$ 乗根に関するコーツやド・モアブルの結果については後で述べます．

　ド・モアブルの定理を幾何学的に理解してもらうために例

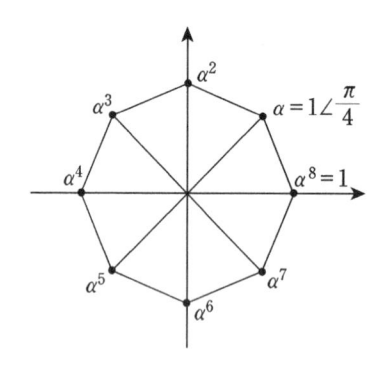

図 3.20 $\alpha = 1\angle \frac{\pi}{4}$ の $n$ 乗

を挙げます．絶対値 1，偏角 $\frac{\pi}{4} = 45°$ の複素数

$$\alpha = 1\angle \frac{\pi}{4} = \frac{1+i}{\sqrt{2}}$$

の $n$ 乗は，ド・モアブルの定理より，$\alpha^n = 1\angle \frac{n\pi}{4}$ となります．これを図示すると図 3.20 のようになります．（$\alpha^n$ を順に結んだ折れ線および 0 と $\alpha^n$ を結ぶ線分を描いています．）$\alpha$ を掛けるごとに $\frac{\pi}{4}$ ずつ回転し，$\alpha$ を 8 乗すると偏角が $2\pi = 360°$，つまり偏角 0 と同じになり，

$$\alpha^8 = 1\angle \frac{8\pi}{4} = 1\angle(2\pi) = 1$$

となります．$\alpha^9 = \alpha \cdot \alpha^8 = \alpha$ となり，さらに $\alpha$ を掛けると原点中心半径 1 の円に内接する正 8 角形の頂点上を反時計回りに移動していきます．これは，$\frac{\pi}{4}$ が 1 周 $2\pi$ の $\frac{1}{8}$ になっているからです．

図 3.20 の正 8 角形の $\alpha$ 以外の頂点について，対応する複素数の $n$ 乗を考えてみます．$\alpha^2 = i$ を繰り返し掛けることは，

第 3 章　複素数の幾何学

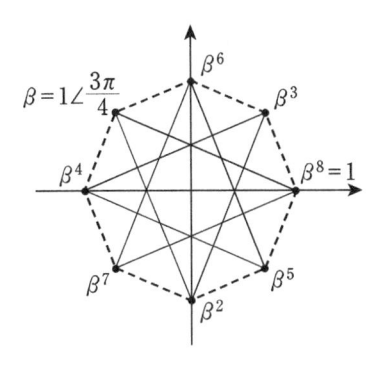

図 3.21　$\beta = 1\angle\frac{3\pi}{4}$ の $n$ 乗

$\frac{\pi}{2} = 90°$ 回転ですから，$i^2 = -1$, $i^3 = -i$, $i^4 = 1$ のように $i, -1, -i, 1$ を頂点とする正方形上を反時計回りに移動します．

また，$\beta = \alpha^3 = 1\angle\frac{3\pi}{4}$ とおくと，$\beta$ を掛けることは角 $\frac{3\pi}{4}$ の回転ですから，図 3.21 のように正 8 角形の頂点を反時計回りに 2 つ飛ばしで移動します．正 8 角形のすべての頂点が現れ，$\beta$ は 8 乗すると初めて 1 になります．

絶対値が 1，偏角が $\frac{\pi}{4}$ の複素数 $\alpha$ に対して，$\alpha^n$ $(1 \leqq n \leqq 8)$ は，いずれも 8 乗すると 1 になる数，つまり 1 の 8 乗根になっています．実際，

$$(\alpha^n)^8 = \alpha^{8n} = (\alpha^8)^n = 1^n = 1$$

が成り立ちます．ただし，上で見たように，$\alpha$ や $\alpha^3 = \beta$ のように 8 乗して初めて 1 になるものだけでなく，$\alpha^2 = i$ のように 4 乗すると 1 になるものと $\alpha^4 = -1$ のように 2 乗すると 1 になるものがあります．

別の例を見てみましょう．$R > 1$ とし，$\alpha$ を絶対値が $R$，偏

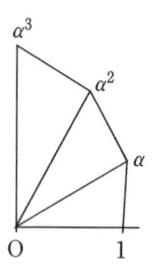

図 3.22　$\alpha^n$ ($n = 0, 1, 2, 3$),　$\alpha = R \angle \dfrac{\pi}{6}$

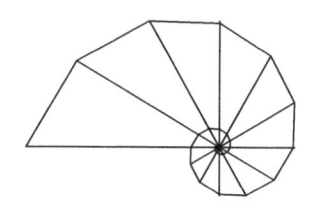

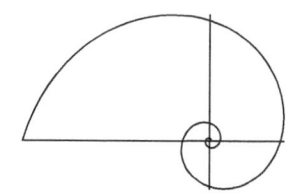

図 3.23　$\alpha = R \angle \dfrac{\pi}{6}$ のときの $\alpha^n$ ($0 \leqq n \leqq 30$)（左図）と対数螺旋 $z(\theta) = B^\theta \angle \theta$ $\left(B = R^{6/\pi}, 0 \leqq \theta \leqq \dfrac{5\pi}{2}\right)$（右図）

角が $\dfrac{\pi}{6}$ の複素数 $\alpha = R \angle \dfrac{\pi}{6}$ とします．ド・モアブルの定理（あるいは，乗法の相似三角形ルール）により，$\alpha, \alpha^2, \alpha^3$ を複素数平面に描くと，図 3.22 のように相似な三角形が 3 つ積み重なった形になります．また，

$$\alpha^3 = R^3 \angle \left(3 \cdot \dfrac{\pi}{6}\right) = R^3 \angle \dfrac{\pi}{2} = R^3 i$$

です．$\alpha^0 = 1, \alpha^1, \cdots, \alpha^{30}$ まで続けると図 3.23 の左図のようになります．$\alpha^{30}$ の偏角は $30 \cdot \dfrac{\pi}{6} = 5\pi$ で，折れ線は原点の周りを 2 周半しています．

図 3.23 の左図を見ると，$\alpha^n$ は螺旋(らせん)状の曲線に沿っているように見えます．これを確かめてみましょう．$n = 0, 1, 2, \cdots$ に

第 3 章　複素数の幾何学

対して，$\alpha^n$ の絶対値 $R^n$ が偏角 $\theta = \dfrac{n\pi}{6}$ の指数関数 $B^\theta = B^{\frac{n\pi}{6}}$ であるような定数 $B$ の値は，$R^n = B^{\frac{n\pi}{6}}$ より，$B = R^{\frac{6}{\pi}}$ です．したがって，$\alpha^n$ は，$\theta$ をパラメーターとする曲線

$$z(\theta) = B^\theta \angle \theta = B^\theta(\cos\theta + i\sin\theta) \quad (B = R^{\frac{6}{\pi}})$$

上の点になっています．（右辺で決まる複素数値関数を $z(\theta)$ とおきました．）この曲線は図 3.23 の右図のようになり，**対数螺旋**と呼ばれます．対数螺旋は 17 世紀にデカルトやスイスの数学者ヤコブ・ベルヌーイによって研究されました．対数螺旋はオウムガイの殻，台風，銀河の形状に現れます．上で与えた対数螺旋のパラメーター表示式に絶対値 1，偏角 $\psi$（プサイ）の複素数 $1\angle\psi$ を掛けると，

$$(1\angle\psi)z(\theta) = (1\angle\psi)(B^\theta \angle \theta) = B^\theta \angle(\theta + \psi) = B^{-\psi}z(\theta + \psi)$$

となります．つまり，$z(\theta)$ を $\psi$ 回転した点 $(1\angle\psi)z(\theta)$ は，曲線上の偏角が $\theta + \psi$ の点 $z(\theta + \psi)$ を $B^{-\psi}$ 倍相似拡大したものになっています．したがって，$\theta$ をある範囲で動かした曲線全体を考えて，これを反時計回りに回転させると，中心に向かってどんどん縮小していくように見えます．

話題を変えて，ド・モアブルの定理を三角関数の計算に応用する例をいくつか見てみましょう．ド・モアブルの定理で $n = 3$ とすると，

$$(\cos\theta + i\sin\theta)^3 = \cos 3\theta + i\sin 3\theta$$

となります．左辺を 3 乗の展開公式

$$(a + b)^3 = a^3 + 3a^2b + 3ab^2 + b^3$$

105

を用いて展開して，実部と虚部に分けると，

$$\cos^3\theta - 3\cos\theta\sin^2\theta + i(3\cos^2\theta\sin\theta - \sin^3\theta)$$

となります．したがって，3倍角の公式

$$\cos 3\theta = \cos^3\theta - 3\cos\theta\sin^2\theta,$$
$$\sin 3\theta = 3\cos^2\theta\sin\theta - \sin^3\theta$$

が得られます．任意の自然数$n$に対しても同様に，ド・モアブルの定理の左辺を二項定理を用いて展開することにより，正弦と余弦の$n$倍角の公式を導くことができます．$n$倍角の公式を覚えていなくても，ド・モアブルの定理を知っていれば必要に応じて導くことができるというのは，複素数の有用性を示す一例です．

## ■ 1の$n$乗根

ド・モアブルの定理を用いて，1の$n$乗根，つまり，$z^n = 1$を満たす複素数をすべて求めることができます．$z$の絶対値を$r$，偏角を$\theta$として極形式$z = r\angle\theta$で表すと，ド・モアブルの定理より，$z^n = r^n\angle(n\theta)$が成り立ちます．これが$1 = 1\angle 0$に等しいことから，絶対値を比べて，$r^n = 1$，$r > 0$より$r = 1$がわかります．また，偏角は$2\pi$の整数倍の違いがあってもよいことに注意して，

$$n\theta = 2k\pi \quad (k は整数)$$

がわかります．したがって，$z^n = 1$を満たす複素数は，

$$z = 1\angle\frac{2k\pi}{n} \quad (k は整数)$$

## 第 3 章　複素数の幾何学

により与えられます．$k$ の 2 つの値 $k_1, k_2$ に対して，上式の与える $z$ が等しくなるのは，偏角の差 $\dfrac{2(k_1 - k_2)\pi}{n}$ が $2\pi$ の整数倍，つまり $k_1 - k_2$ が $n$ で割り切れるとき，そしてそのときに限ります．したがって，互いに異なる $z$ の値は，$k$ の $n$ 個の値 $k = 0, 1, \cdots, n-1$ をとればすべて得られます．

---

**1 の $n$ 乗根**

自然数 $n$ に対して，$z^n = 1$ を満たす複素数は，

$$\epsilon_k = 1\angle\frac{2k\pi}{n} = \cos\frac{2k\pi}{n} + i\sin\frac{2k\pi}{n} \quad (k = 0, 1, \cdots, n-1)$$

の $n$ 個である．

---

ここで 1 の $n$ 乗根を $\epsilon_k = 1\angle\dfrac{2k\pi}{n}$ とおきました．$\epsilon$ はギリシャ文字でイプシロンと読みます．ド・モアブルの定理より，

$$\epsilon_1^k = \left(1\angle\frac{2\pi}{n}\right)^k = 1\angle\frac{2k\pi}{n} = \epsilon_k$$

となり，1 の $n$ 乗根は $\epsilon_1^k$ ($0 \leq k \leq n-1$) で与えられることがわかります．また，これらの複素数は，原点中心半径 1 の円の $n$ 等分点，つまり正 $n$ 角形の頂点になっています．$n = 5$ の場合を図 3.24 に示します．その他の例は，図 3.7（$n = 4$，正方形），図 3.10（$n = 3$，正三角形），図 3.20（$n = 8$，正 8 角形）で見ました．

1 の $n$ 乗根は，方程式 $x^n = 1$ の解と見ることもできます．上の議論により，この方程式の $n$ 個の複素数解 $\epsilon_k$ ($0 \leq k \leq n-1$) が求められたことになります．方程式の複素数解については，第 4 章で改めて扱います．

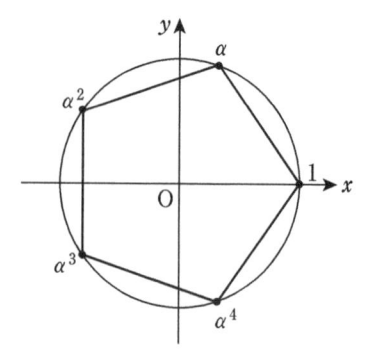

図 3.24 1 の 5 乗根 $\left(\alpha = 1\angle\dfrac{2\pi}{5}\right)$

ド・モアブルの定理を用いれば，1 に限らず一般の複素数の $n$ 乗根を極形式の形で与えることができます．たとえば，$-2$ の立方根，つまり $z^3 = -2$ を満たす複素数 $z = r\angle\theta$ を求めてみましょう．

$$z^3 = r^3 \angle(3\theta) = -2 = 2\angle\pi$$

より

$$r^3 = 2, \quad 3\theta = \pi + 2k\pi \ (k\text{ は整数})$$

つまり，

$$r = \sqrt[3]{2}, \quad \theta = \frac{\pi}{3} + \frac{2k\pi}{3} \ (k\text{ は整数})$$

がわかります．したがって，$-2$ の立方根は，

$$\sqrt[3]{2}\angle\frac{\pi}{3} = \sqrt[3]{2}\left(\cos\frac{\pi}{3} + i\sin\frac{\pi}{3}\right) = 2^{-2/3}\left(1 + \sqrt{3}\,i\right),$$

$$\sqrt[3]{2}\angle\pi = \sqrt[3]{2}(\cos\pi + i\sin\pi) = -\sqrt[3]{2},$$

$$\sqrt[3]{2}\angle\frac{5\pi}{3} = \sqrt[3]{2}\left(\cos\frac{5\pi}{3} + i\sin\frac{5\pi}{3}\right) = 2^{-2/3}\left(1 - \sqrt{3}\,i\right)$$

## 第3章　複素数の幾何学

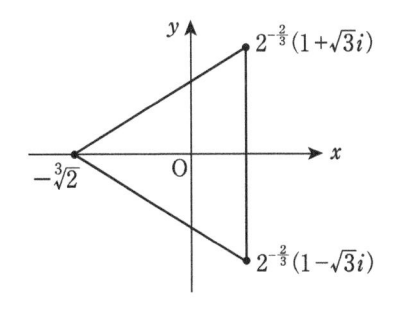

図3.25　$-2$ の立方根

です（図3.25）.

これは次のように見ることもできます．$-2$ の立方根の1つ $z_0$ と 1 の立方根で 1 以外のもの $\omega$ を

$$z_0 = \sqrt[3]{2} \angle \frac{\pi}{3}, \quad \omega = 1 \angle \frac{2\pi}{3}$$

と選ぶと，複素数の乗法の幾何学的ルールより，$-2$ の立方根は $z_0, \omega z_0, \omega^2 z_0$ と表すことができます．

一般に，絶対値が $R(>0)$，偏角が $\varphi$（ファイ）の複素数 $\beta = R \angle \varphi$ の $n$ 乗根の1つ $z_0$ と 1 の $n$ 乗根 $\epsilon_1$ を

$$z_0 = \sqrt[n]{R} \angle \frac{\varphi}{n}, \quad \epsilon_1 = 1 \angle \frac{2\pi}{n}$$

と選ぶと，$\beta$ の $n$ 乗根は，$z_0$ に 1 の $n$ 乗根を掛けた，

$$\epsilon_1^k z_0 = \sqrt[n]{R} \angle \frac{\varphi + 2k\pi}{n} \quad (0 \leq k \leq n-1)$$

により与えられます．これらは原点中心半径 $\sqrt[n]{R}$ の円に内接する正 $n$ 角形の頂点になっています．

複素数の幾何学的解釈を用いて，ド・モアブルの定理が導かれ，その応用として，複素数の $n$ 乗根と正 $n$ 角形の見事な

関係が明らかになりました．複素数 $\alpha$ のべき乗 $\alpha^k$ を結んで得られる正多角形や折れ線は，$\alpha$ の偏角をゼロに近くとると，滑らかな曲線に近づいていくと思われます．正の実数 $a$ の自然数べきとべき根から拡張して指数関数 $a^x$ が得られたように，複素数の $\theta$ 乗というものがありそうです．こうして，ド・モアブルの定理からオイラーの公式 $e^{i\theta} = \cos\theta + i\sin\theta$ へとつながっていくという話は，第5章で扱うことにします．

## ■ 複素数の幾何学的解釈の発見

複素数の幾何学的解釈を与えたとされる代表的な人たちは，18世紀末から19世紀初頭の，ウェッセル，アルガン，ウォーレン，ガウスです．複素数の幾何学的解釈が現れたのは，第2章で触れたカルダーノの著書から250年以上も後のことです．（それ以前に誰も考えなかった訳ではありません．17世紀には，複素数を平面上の点として作図する試みがウォリスによりなされました．また，オイラーは複素数を座標平面の点として表すアイディアを持っていたとも言われます．いずれも複素数の演算の幾何学的な理解を与えたとはいえませんが．）

ノルウェーの測量技師ウェッセルは1798年の論文において，複素数の幾何学的解釈を与えました．ウェッセルの論文はデンマーク語で書かれており，同時代の数学の研究に影響を及ぼすことなく長らく忘れ去られていましたが，現在はその完成度の高い内容が再評価されています．ウェッセルは，さらに平面上の点の間の積を3次元空間の点の間の積に拡張しようと試みて失敗しています．これは，後にハミルトンが

取り組んで四元数の発見に至ったのと同じ問題です.

パリで書店を営んでいたアマチュア数学者アルガンは，1806年に複素数の幾何学的解釈に関する著作を出版しました. アルガンの研究は，フランスでは忘れ去られることなく，複素数平面を表す「アルガン図式」や複素数の絶対値を表す「モジュラス」という言葉など，数学の歴史に足跡を残しています. イギリスの数学者ウォーレンは 1828 年に複素数の幾何学的表示に関する著作を発表しました.

ドイツの数学者ガウスは，その完全主義ゆえに結果をあわてて発表しないのが常だったため，論文の発表は上に挙げた人たちの中で一番遅い 1831 年でしたが，虚数という否定的なイメージがつきまとう名前に代わりガウスによって複素数と名づけられた数は，代数学の基本定理の証明，複素数の幾何学的解釈，ガウス整数など，ガウスの多大な貢献によって正式な数として認知されるに至ったのです. 複素数平面は，ガウス平面ともいいます. 複素数の幾何学的解釈の発見が近い時期に多発したというのは，大変興味深いことです.

## §3 複素数の定義

第2章で複素数を定義するときに，$i^2 = -1$ を満たす数 $i$ から出発しました. 既に述べたように，これにより四則演算のルールがうまく定義されることが重要であり，数 $i$ が実在するか思い悩む必要はありません. しかし，$i^2 = -1$ を満たす「数」と言ってしまうと，そんなものがあるのか，また実数と掛けたり足したりしてよいのかという疑念に囚われてしまう

のも無理からぬことです．この問題点を回避するために19世紀の数学者，イギリスのハミルトンとフランスのコーシーにより考案された複素数の代数的定義を紹介します．（この話は第2章で与えた複素数の代数的定義を補足するもので，以下の章では使いません．）

## ■ 実数の順序対としての複素数

複素数 $a+bi$（$a, b$ は実数）に対して実数を順序をつけて並べた対 $(a, b)$ が決まり，逆に実数の順序対 $(a, b)$ に対して複素数 $a+bi$ が決まります．たとえば $(1, 2)$ と $(2, 1)$ は別のものと見なし，それぞれに対して複素数 $1+2i$, $2+i$ を対応させます．数学の言葉では，複素数の全体と実数の順序対の全体は対応

$$a + bi \longleftrightarrow (a, b)$$

により1対1に対応しているといいます．

実数の順序対の全体を考え，加法と乗法を次のように定めます．（実数の順序対として複素数を定義したハミルトン (Hamilton)にちなんで，かっこ内に H と書きました．）

---

**加法と乗法のルール(H)**

$$(a, b) + (c, d) = (a + c, b + d)$$
$$(a, b) \cdot (c, d) = (ac - bd, ad + bc)$$

---

ただし2個の順序対の間の等号の意味は，$(a, b) = (c, d)$ とは $a = c$ と $b = d$ の両方が成り立つことと約束します．

第3章 複素数の幾何学

このとき，任意の順序対 $\alpha, \beta, \gamma$ に対して，58ページで述べた加法と乗法の基本性質（加法・乗法の交換法則，加法・乗法の結合法則，分配法則）が成り立つことが示されます．

加法は，実数の順序対の1番目どうし，2番目どうしの和として定義されているので，実数の加法の性質より，加法について交換法則，結合法則が成り立つことがわかります．

$$(a,b) + (0,0) = (a,b)$$

より，$(0,0)$ が加法に関するゼロ元であり，$(a,b)$ に対して，

$$(a,b) + (c,d) = (0,0)$$

となる $(c,d)$ は $(-a,-b)$ です．これが加法に関する逆元で，

$$-(a,b) = (-a,-b)$$

となります．したがって，加法の逆演算である減法は，

$$(a,b) - (c,d) = (a,b) + \{-(c,d)\} = (a,b) + (-c,-d)$$
$$= (a-c, b-d)$$

で与えられることがわかります．（当たり前すぎて何をくどくど述べているのかと思われるかもしれません．）

$\alpha = (a_1, b_1), \beta = (a_2, b_2), \gamma = (a_3, b_3)$ に対して，

$$(\alpha\beta)\gamma = (a_1 a_2 - b_1 b_2, a_1 b_2 + a_2 b_1)(a_3, b_3)$$
$$= (a_1 a_2 a_3 - b_1 b_2 a_3 - a_1 b_2 b_3 - b_1 a_2 b_3,$$
$$a_1 b_2 a_3 + b_1 a_2 a_3 + a_1 a_2 b_3 - b_1 b_2 b_3)$$

*113*

となり，$\alpha(\beta\gamma)$ も同様に計算するとこれに等しいことがわかるので，乗法に関する結合法則が成り立ちます．分配法則も定義にしたがって確かめることができます．これは読者に任せることにします．

また，定義より

$$(a, b) \cdot (0, 0) = (0, 0)$$
$$(a, b) \cdot (1, 0) = (a, b)$$

が成り立ちます．これらは，$(0,0)$ が「0」，$(1,0)$ が「1」の役割を果たしている（数学の言葉では乗法に関するそれぞれゼロ元と単位元になっている）ことを意味しています．

$$(a, b) \cdot (a, -b) = (a^2 + b^2, 0)$$

より，$(a, b)\,(\neq (0, 0))$ の乗法に関する逆元は，

$$(a, b)^{-1} = \left( \frac{a}{a^2 + b^2}, -\frac{b}{a^2 + b^2} \right)$$

で与えられることがわかります．加法・乗法の基本性質（交換法則，結合法則，分配法則）が成立し，減法と除法が定義されて，実数の順序対全体の中で加減乗除の四則演算がうまく行えることがわかりました．（これを，実数の順序対全体は**体**をなすといいます．実数全体も体をなします．）このように四則演算を備えた実数の順序対を**複素数**と定義します．

第2章で与えた複素数の定義との関係を見てみましょう．特に $(a, 0)$ の形をした実数の順序対どうしの和と積は，

$$(a, 0) + (b, 0) = (a + b, 0)$$

第 3 章　複素数の幾何学

$$(a, 0) \cdot (b, 0) = (ab, 0)$$

のように，1番目の実数どうしの和と積になっています．したがって，この形の2つの順序対どうしの演算に対して加法と乗法の基本性質が成り立ち，減法，除法は1番目の実数に対する減法，除法になっています．つまり，実数の四則演算とまったく同じになっています．したがって，$(a, 0)$ の形の順序対を実数 $a$ と同一視します．

また，$(0, 1)$ に着目すると，乗法の定義より，

$$(0, 1) \cdot (0, 1) = (-1, 0) = -(1, 0)$$

が成立します．$(0, 1)$ を記号 $i$ で表し，$i \cdot i = i^2$ と書くことにすれば，上の式は $i^2 = -1$ と表すことができます．一般の順序対 $(a, b)$ は，

$$(a, b) = (a, 0) + (0, b) = (a, 0) + (b, 0)(0, 1)$$

と書き表すことができます．したがって，上の記号を使うと，$(a, b)$ が $a + bi$ と書き表されることになります．

その他の対応関係を表に示します（表3.2）．実数の順序対 $(a, b)$ の全体に四則演算を定めてそれを複素数であると定義しました．その中に実数 $a$ の全体が $(a, 0)$ として（四則演算を込めて）含まれています．積を

$$(a, b) \cdot (c, d) = (ac - bd, ad + bc)$$

により定めたのは，

$$(a + bi)(c + di) = (ac - bd) + (ad + bc)i$$

115

| 実数の順序対 | (慣用の)表記 | 意味 |
|---|---|---|
| $(a, 0)$ | $a$ | 実数 |
| $(0, 0)$ | $0$ | ゼロ |
| $(1, 0)$ | $1$ | 単位元 |
| $(0, 1)$ | $i$ | 虚数単位 |
| $(0, b)$ | $bi$ | 純虚数 ($b \neq 0$) |
| $(a, b)$ | $a+bi$ | 複素数 |

表 3.2 実数の順序対と複素数の慣用の表記の対応

を知っていてそのようにした訳ですが，$-1$ の平方根を最初に持ち出すことは回避されています．$i^2 = -1$ を満たす数 $i$ と実数 $b$ の積 $bi$ は，

$$(0, 1)(b, 0) = (0, b)$$

のようにきちんと定義された積をそのように表記しただけということになります．

上に述べた実数の順序対としての複素数の導入は，アイルランドの数学者ハミルトンの 1835 年の論文においてなされました．ハミルトンは，当時既に知られていた複素数の幾何学的解釈に頼らずに $i = \sqrt{-1}$ を意味づけ，複素数を厳密に定義したいと考え，それを達成したのです．

本章で解説した複素数平面は，複素数 $a+bi$ を座標平面上の点 $(a, b)$ と対応させるものです．座標平面上の点の座標 $(a, b)$ は実数の順序対に他なりません．

実数の順序対に積を定義する方法は他にもあると思われる

かもしれませんが，1884年にワイエルシュトラスによって，実数の順序対が体になるような積の規則は本質的にハミルトンが定義したものしかないことが証明されました．

ハミルトンは，実数の3つ組 $(a, b, c)$ の間に加法と乗法を定義しようと苦心して果たせませんでした．加法は成分ごとの和を作ればよいのですが，乗法がうまく定義できなかったのです．ハミルトンは，1843年に実数の4つ組に乗法を定義するルールをひらめき，四元数の理論を築きました．四元数では，乗法の交換法則が成立しませんが，その他の演算の基本法則は成立しています．四元数のうち後半の3つの成分からなる「虚部」が3次元空間の幾何と密接に関係しています．

ハミルトンの四元数は幾何学や電磁気学に応用されました．ベクトルは，高校で学ぶ数学の中で比較的新しい数学であり，20世紀初頭に現在の形で確立されたものです．第3章§1で見た複素数の加法の幾何学的規則は，今の立場から見れば平面ベクトルの加法そのものですが，複素数や四元数の方が先にあって，これらの加法と実数倍の側面がベクトルの概念や演算規則の原型になったのです．

### ■ 多項式の余りとしての複素数

複素数の掛け算をするときは，

$$(a+bi)(c+di) = ac + adi + bci + bdi^2$$
$$= ac - bd + (ad + bc)i$$

のように文字式として展開してから，$i^2$ を $-1$ で置き換えています．

実数を係数とする文字（不定元）$t$ の多項式

$a_0 + a_1 t + \cdots + a_n t^n$ （$n$ は自然数，$a_0, a_1, \cdots, a_n$ は実数）

どうしの加減乗除の四則演算を高校の数学で習います．割り算については，割り切れないときは余りが出ます．多項式を $t^2 + 1$ で割った余りは $t$ の 1 次式

$$a + bt \quad (a, b \text{ は実数})$$

になります．たとえば，

$$t^3 = (t^2 + 1)t - t$$

より，$t^3$ を $t^2 + 1$ で割った余りは $-t$ です．これを，

$$t^3 \equiv -t \pmod{t^2 + 1}$$

と書きます．多項式を $t^2 + 1$ で割った余りの世界の中で四則演算を考えてみましょう．足し算は

$$(a + bt) + (c + dt) \equiv (a + c) + (b + d)t \pmod{t^2 + 1}$$

と簡単です．引き算も同様です．次に掛け算を考えてみましょう．

$$\begin{aligned}(a + bt)(c + dt) &= ac + adt + bct + bdt^2 \\ &= ac - bd + (ad + bc)t + bd(t^2 + 1)\end{aligned}$$

を $t^2 + 1$ で割った余りは $ac - bd + (ad + bc)t$ ですから，余りの世界の中では，

$$(a + bt)(c + dt) \equiv ac - bd + (ad + bc)t \pmod{t^2 + 1}$$

第 3 章　複素数の幾何学

となります．実数を係数とする多項式の間の加法と乗法に対して，交換法則，結合法則，分配法則が成り立つことから，$t^2+1$ で割った余りの世界の加法と乗法に対しても交換法則，結合法則，分配法則が成り立つことがわかります．

また，

$$(a+bt)(a-bt) = a^2 - b^2t^2 = a^2 + b^2 - b^2(t^2+1)$$
$$\equiv a^2 + b^2 \pmod{t^2+1}$$

より，$a+bt$ は，$a=b=0$ の場合を除いて，$t^2+1$ で割った余りの世界の中で，乗法に関する逆元

$$(a+bt)^{-1} \equiv \frac{a-bt}{a^2+b^2} \pmod{t^2+1}$$

を持つことがわかります．このように，$t$ の多項式を $t^2+1$ で割った余りの世界で加減乗除の四則演算を行うことができます．

余りの世界での積の形 $ac - bd + (ad+bc)t$ と冒頭に記した複素数の積 $ac - bd + (ad+bc)i$ の形が似ているのは，偶然ではなく，本質的に同じことをしているからです．$t$ の多項式を $t^2+1$ で割った余りを考えるということは，$t^2+1$ をゼロと見なすこと，つまり $t^2$ を $-1$ で置き換えることに他なりません．これは，$i^2 = -1$ と対応しています．

実数を係数とする $t$ の多項式を $t^2+1$ で割った余りの世界に加減乗除の四則演算が定まることを見ました．ここで $t$ を「記号」$i$ で書くことにすれば，これはまさしく複素数に他なりません．第 2 章で説明した複素数の演算規則を少し違う言

い方で述べただけですが，複素数とは多項式を $t^2+1$ で割った余りのことだと見なすと，2乗すると $-1$ になる「数」$i$ の存在を前提とする必要がありません．$i$ の存在にまつわる疑念，不安，また反動としての神秘化などから解放されるという効用はあるのではないでしょうか．（多項式の割り算の余りを数と見なすことへの精神的な抵抗が新たに生じる恐れもあるでしょうが．）

多項式を $t^2+1$ で割った余りとして複素数を定義したのは，19世紀のフランスの数学者，コーシーです．コーシーは，従来の $i$ の解釈に満足できず，上に述べた実数係数の多項式を $t^2+1$ で割った余りによる複素数の定式化を1847年に発表しました．コーシーは，複素関数論あるいは複素解析と呼ばれる，変数と値が複素数である関数の微分積分の理論を創始，発展させた人です．本書の範囲を超えるので解説しませんが，複素関数論の基盤をなす「コーシーの積分定理」は数学において非常に重要な定理の1つです．コーシーは，長年にわたり実数の組としての複素数の代数的側面だけを用いていましたが，後に複素数の幾何学的解釈の有用性を認めて使うようになりました．

上で述べた「$t$ の多項式を $t^2+1$ で割った余りの中で四則演算を考える」ことは，コーシー以降さらに発展し，現在では大学で数学を専攻する学生が学ぶ代数学の言葉では，「実数を係数とする1変数多項式環 $\mathbb{R}[t]$ を既約多項式 $t^2+1$ で生成されるイデアルで割った剰余体として複素数体を定義する」となります．$t^2+1$ 以外の多項式で割った余りではどうなるか

という疑問も当然出てきますが，そのような一般化は19世紀後半にクロネッカーによってなされました．（代数学の専門用語で言えば，多項式の分解体の話題であり，ガロア理論とも密接な関係があります．この辺りになると，大学で学ぶ代数学の上級の話題です．）

　本書や高校の教科書などでなされている「$i$の入った文字式として計算して，$i^2$があれば$-1$で置き換える」という複素数の計算規則の説明は，現代代数学（多項式環のイデアルの理論，あるいは体の拡大の理論）が背景にあって，整合する形で述べているということができます．

　実数を係数とする多項式を$t^2+1$で割った余りの間で四則演算を考えて，数と見なすという考えに驚くかもしれません．このような考え方は，19世紀の数学者ガウスの整数論の研究に現れたもので，コーシーはガウスの研究に示唆されて，複素数を割り算の余りとして捉えるという着想を得たのです．

# 第4章　複素数と方程式

実数は数学の対象としては不自然に偏狭で複素数の範囲においてのみ数学の諧調的,統一的の発達の可能であることが認められて,今日の数学は複素数の数学となったのである

高木貞治[1]

カルダーノの公式により3次方程式の解を求める際に虚数が顔を出すことを第2章で見ました.また,高校数学で学ぶように,実数解を持たない2次方程式も,複素数の範囲では解を持ちます.この章では,$n$次方程式の複素数解を調べます.そして,数の範囲をこれ以上広げなくても,解は必ず複素数の範囲にあるという代数学の基本定理を紹介します.

## §1　複素数と2次方程式

### ■ 因数分解と2次方程式の解

2次方程式の解と複素数の関連について触れておきます.2次方程式 $ax^2 + bx + c = 0$ の解は左辺の2次式の因数分解と関係しています.たとえば,2次方程式 $x^2 + x - 2 = 0$ の左辺は,

$$x^2 + x - 2 = (x+2)(x-1)$$

---
[1]高木貞治（1875〜1960）は日本の数学者.高木貞治『代数学講義』（共立出版）より

第 4 章　複素数と方程式

のように因数分解されるので，2 次方程式 $x^2 + x - 2 = 0$ の解は $-2$ と $1$ であることがわかります．方程式の解とは，方程式の等号が成り立つような変数 $x$ の値のことです．

$$(x+2)(x-1) = 0$$

が成り立つのは，$x+2, x-1$ のいずれかがゼロになる場合

$$x+2 = 0 \text{ または } x-1 = 0$$

なので，

$$x = -2 \text{ または } x = 1$$

が得られる訳です．

　複素数が現れる場合を考えてみましょう．複素数 $i$ と $-i$ に着目してみると，

$$(-i)^2 = (-1)^2 i^2 = -1$$

ですから，$i$ だけでなく $-i$ も 2 乗すると $-1$ になります．2 乗すると $-1$ になる数は $i$ と $-i$ に限ります．なぜなら，方程式 $x^2 = -1$ は $x^2 = i^2$，したがって $x^2 - i^2 = 0$ と変形することができ，さらに左辺を積の形に変形して，

$$(x-i)(x+i) = 0$$

となります．（因数分解 $x^2 + 1 = (x-i)(x+i)$ は奇妙な式に見えるかもしれませんが．）2 つの複素数の積がゼロになるのは，少なくとも一方がゼロのとき，そしてそのときに限ること（66 ページ）を使うと，$x-i = 0$ または $x+i = 0$，したがって，$x = \pm i$ がわかります．

■ 解の公式

2次方程式の解の公式を復習しておきます。$x$ を未知数，$a, b, c$ を実数の定数 $(a \neq 0)$ として，2次方程式

$$ax^2 + bx + c = 0$$

を考えます．（係数を複素数の範囲で考えることもできますが，ここでは実数としておきます．）両辺を $a$ で割って，

$$x^2 + \frac{b}{a}x + \frac{c}{a} = 0$$

としておきます．ここで，$(x+\alpha)^2 = x^2+2\alpha x+\alpha^2$ より $x^2+2\alpha x = (x+\alpha)^2 - \alpha^2$ であることを使うと，上の方程式は，

$$\left(x + \frac{b}{2a}\right)^2 - \left(\frac{b}{2a}\right)^2 + \frac{c}{a} = 0$$

と変形できます．（この式変形を「平方完成」といいます．）定数を右辺に移項して，

$$\left(x + \frac{b}{2a}\right)^2 = \left(\frac{b}{2a}\right)^2 - \frac{c}{a} = \frac{b^2 - 4ac}{4a^2},$$

平方根をとって，

$$x + \frac{b}{2a} = \pm \frac{\sqrt{b^2 - 4ac}}{2a},$$

最後に $x$ について解くと，次が得られます．

---

**2次方程式の解の公式**

$ax^2 + bx + c = 0 \ (a \neq 0)$ の解は

$$x = \frac{-b \pm \sqrt{b^2 - 4ac}}{2a}$$

---

第 4 章　複素数と方程式

たとえば，$x^2 + 4x + 2 = 0$ に解の公式を用いると，

$$x = \frac{-4 \pm \sqrt{4^2 - 8}}{2} = -2 \pm \frac{\sqrt{8}}{2} = -2 \pm \sqrt{2}$$

となります．あるいは，解の公式を導いた式変形をこの方程式に対して実行すれば，

$$x^2 + 4x + 2 = 0$$
$$(x + 2)^2 = 2$$
$$x + 2 = \pm \sqrt{2}$$
$$\therefore \ x = -2 \pm \sqrt{2}$$

となります．平方完成による 2 次方程式の解法は，$x + 2 = y$ と置き換えることにより，未知数 $y$ の方程式 $y^2 = 2$ に帰着して解いたと見ることができます．この $y$ の方程式には $y$ について 1 次の項がないので，平方根をとるだけで解けたのです．このように，解きやすい問題に帰着するのは，数学の問題解決の基本的な考え方です．

解の公式

$$x = \frac{-b \pm \sqrt{b^2 - 4ac}}{2a}$$

を見ると，ルートの中身 $b^2 - 4ac$ がゼロ以上のとき解は実数であることがわかります．$b^2 - 4ac$ を 2 次方程式の**判別式**といいます．判別式が正のとき異なる 2 個の実数解を持ち，判別式がゼロのとき解は 1 個になることがわかります．また，判別式が負のときは，実数解は存在しませんが，2 つの虚数解を持ち，これらは互いに複素共役になっています．たとえ

ば，$x^2 + 2x + 2 = 0$ の解は，

$$x = \frac{-2 \pm \sqrt{2^2 - 8}}{2} = -1 \pm \sqrt{-1} = -1 \pm i$$

で与えられます．平方完成により方程式を解く過程を見てみると，

$$x^2 + 2x + 2 = 0$$
$$(x + 1)^2 = -1$$

となり，実数の範囲では平方根が存在しませんが，複素数の範囲まで広げると，平方根がとれて，

$$x + 1 = \pm i$$
$$\therefore x = -1 \pm i$$

となる訳です．

## ■ 2次方程式の歴史

2次方程式の解法の歴史は非常に古いものです．メソポタミア文明の古代バビロニアにおいて，和と積が与えられた2つの数を求めるという，2次方程式に翻訳できる問題が考えられ，2次式の平方完成に相当する議論によって解かれていました．古代ギリシャにおいても，2次方程式に相当する問題が，幾何学的な手法により解かれていました．2次方程式の解の公式に相当する解法は，700年から1100年頃にかけてインドやアラビアで考案され，ヨーロッパに伝わりました．

## 第4章　複素数と方程式

　中学校の数学では方程式を使って解く問題を，小学校の段階で算数の知識を使って工夫して解くようなもので，本質的な考え方の起源が古くまでたどれるとしても，未知数や係数を含む文字式の操作により解を求める方程式論が古代バビロニア時代に出来上がっていた訳ではありません．問題や解き方を文章や図形を用いて表す方法から，文字式で表して数式の変形操作により解く方法への移行が重大な変化だったのです．そこで大きな役割を果たしたのは，9世紀アラビアの数学者アル＝フワリズミ，そして現代使われている形とほぼ同じ文字式計算の記号と枠組みを創った16世紀フランスの数学者ヴィエトとされています．（この章の冒頭で述べた時代背景により，アル＝フワリズミもヴィエトも負の解を除外していましたが．）

　そして，方程式の計算により曲線の研究を行う解析幾何学を創始したデカルトの著書『幾何学』(1637年)に至って，数式の記号や計算法が現在使われているものに近い形で与えられました．『幾何学』には，2次方程式の解の公式が本書や高校数学の教科書に書かれるものとほぼ同じ形で登場しています．（高校数学の単元「図形と方程式」で学ぶ，円や直線の方程式，交点の軌跡を求めるなど座標を用いた幾何学は，デカルトの研究の流れをくむものです．）

## ■ 解と係数の関係

　2次方程式 $ax^2 + bx + c = 0\,(a \neq 0)$ の解の公式を導いたのと同様に，方程式の左辺の2次式 $ax^2 + bx + c$ を平方完成して

変形すると次のようになります.

$$\begin{aligned}ax^2 + bx + c &= a\left(x^2 + \frac{b}{a}x + \frac{c}{a}\right) \\ &= a\left\{\left(x + \frac{b}{2a}\right)^2 - \frac{b^2 - 4ac}{4a^2}\right\} \\ &= a\left\{\left(x + \frac{b}{2a}\right)^2 - \left(\frac{\sqrt{b^2 - 4ac}}{2a}\right)^2\right\} \\ &= a\left(x + \frac{b - \sqrt{b^2 - 4ac}}{2a}\right)\left(x + \frac{b + \sqrt{b^2 - 4ac}}{2a}\right).\end{aligned}$$

つまり，2次方程式の解を

$$\alpha = \frac{-b + \sqrt{b^2 - 4ac}}{2a}, \quad \beta = \frac{-b - \sqrt{b^2 - 4ac}}{2a}$$

とおくと，方程式の左辺は，

$$ax^2 + bx + c = a(x - \alpha)(x - \beta)$$

と因数分解できます．これはいくつかの例について既に見た通りです．$\alpha, \beta$ を2次式 $ax^2 + bx + c$ の根（英語では root）といいます．右辺の $(x - \alpha)(x - \beta)$ を展開すると，

$$ax^2 + bx + c = a\{x^2 - (\alpha + \beta)x + \alpha\beta\}$$

となるので，両辺の $x^2, x$ の係数をそれぞれ比較して，

$$\alpha + \beta = -\frac{b}{a}, \quad \alpha\beta = \frac{c}{a}$$

がわかります．これらの関係式を2次方程式の**解と係数の関係**または**ヴィエトの公式**といいます．ヴィエトは（正の解の場合に）解と係数の関係を与えました．

特に $b^2 - 4ac = 0$ のとき，$\alpha = \beta$ となり，

$$ax^2 + bx + c = a(x - \alpha)^2$$

と因数分解されます．このとき $\alpha$ は $ax^2 + bx + c$ の **2 重根**または**重複度 2** の根であるといいます．

2 次方程式 $ax^2 + bx + c = 0$ の解 $\alpha, \beta$ のことも，根と呼ぶのが元来の用語です．学校の教科書では「解」が採用されていますが，「根」という用語にも根強い人気があります．

2 次式 $ax^2 + bx + c$ が重根 $\alpha$ を持つとき，対応する 2 次方程式 $ax^2 + bx + c = 0$ の成立条件としては，

$$a(x - \alpha)^2 = 0 \iff x - \alpha = 0$$

より $x = \alpha$ ですが，2 つの解が重なっていると見なして，2 次方程式 $ax^2 + bx + c = 0$ は 2 重解（または 2 重根）を持つ，あるいは解（根）の重複度は 2 であるといいます．これまでの話をまとめると，「実数を係数とする 2 次方程式は，複素数の範囲で（重複度を込めて）2 個の解を持つ」ということになります．

## ■ 複素数を係数とする 2 次方程式

実数を係数とする 2 次方程式の解を考察しましたが，より一般に，$a, b, c$ を $a \neq 0$ である複素数の定数として，2 次方程式 $ax^2 + bx + c = 0$ を考えるとどうなるでしょう．解の公式を導くプロセスを反省してみると，複素数に対しても四則演算

が実数と同様にできることから，平方完成して

$$\left(x+\frac{b}{2a}\right)^2 = \left(\frac{b}{2a}\right)^2 - \frac{c}{a} = \frac{b^2-4ac}{4a^2}$$

を導くところまでは，係数が複素数でもまったく同じであることがわかります．

次の段階で，上式の右辺の複素数の平方根がとれれば，実数係数の場合と同じ形の解の公式が得られます．第3章で見たように，複素数 $\alpha$ を極形式 $\alpha = r\angle\theta$（$r, \theta$ は $\alpha$ の絶対値，偏角）により表すと，$z^2 = \alpha$ となる複素数 $z$ は，$z = \pm\sqrt{r}\angle\frac{\theta}{2}$ です．どちらか一方を $\sqrt{\alpha}$ と表すと，上で平方完成により得られた式の平方根をとって，

$$x + \frac{b}{2a} = \pm\frac{\sqrt{b^2-4ac}}{2a},$$

したがって，2次方程式の解の公式

$$x = \frac{-b \pm \sqrt{b^2-4ac}}{2a}$$

が得られます．また，これらの解を $\alpha, \beta$ とおけば，

$$ax^2 + bx + c = a(x-\alpha)(x-\beta)$$

が成り立ち，解と係数の関係（ヴィエトの公式）

$$\alpha + \beta = -\frac{b}{a}, \quad \alpha\beta = \frac{c}{a}$$

も $a, b, c$ ($a \neq 0$) が複素数の範囲で成立します．

# 第4章　複素数と方程式

## ■ $i$ と $-i$

2次方程式 $x^2 = -1$ の解が $x = \pm i$ の2つあることに再度目を向けてみましょう．

複素数を定義するときに，$x^2 = -1$ を満たす数を1つとって（あるいは創造して）それを $i$ と名づけました．複素数の四則演算を定めると，2乗すると $-1$ になるもう1つの数 $-i$ が現れました．$i$ を特徴づける条件は $i^2 = -1$ だけですから，$i$ と $-i$ をあらかじめ区別して一方を選んだ訳ではありません．

虚数単位の満たす2次方程式 $x^2 = -1$ と似た方程式 $x^2 = 1$ の解 $x = \pm 1$ の場合はどうでしょう．1は乗法に関する単位元である，つまり，任意の実数 $a$ に対して $a \cdot e = a$ が成り立つような数 $e$ は $e = 1$ に限るという性質を持っています．あるいは，$1^2 = 1, (-1)^2 = 1$ ですから，$\pm 1$ のうち平方が自分自身に一致するのは，1の方だけです．1と $-1$ がこのように区別できるのに対して，$i$ と $-i$ を演算の性質により区別することはできません．

これは気持ち悪く悩ましいところですが，四則演算のルールが定まっているという数の機能の上でトラブルは起こりません．$i$ を $-i$ に取り換えると，$\alpha = a + ib$ は共役複素数 $\bar{\alpha} = a - ib$ になりますが，第2章で見た複素共役の性質

$$\overline{\alpha + \beta} = \bar{\alpha} + \bar{\beta}$$

$$\overline{\alpha\beta} = \bar{\alpha}\bar{\beta}$$

からもわかるように，すべて複素共役をとった世界の中では，四則演算のルールは元とまったく同じになっているのです．

虚数単位 $i = \sqrt{-1}$ にまつわる惑いから解放される究極の手段として，$i$，つまり $-1$ の平方根という「数」を用いずに複素数の演算を定義する2つの方法を第3章§3で紹介しました．

## §2　1のべき根と方程式

第3章で1の $n$ 乗根の極形式を与え，それらが正 $n$ 角形の頂点になっていることを見ました．以下では，方程式 $x^n = 1$ との関係を調べてみましょう．

### ■ 1の4乗根

1の4乗根は，$1, i, -1, -i$ です．極形式で書くと，

$$1\angle \frac{k\pi}{2} \quad (0 \leq k \leq 3)$$

となります．4乗すると1になる複素数が上で与えた4個に

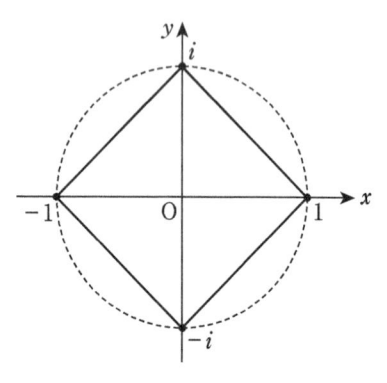

図4.1　1の4乗根

第 4 章　複素数と方程式

限ることは，第 3 章で示されていますが，次のように因数分解から見ることもできます．方程式 $x^4 = 1$ を $x^4 - 1 = 0$ と変形すると，4 次方程式の左辺は，

$$x^4 - 1 = (x^2 - 1)(x^2 + 1)$$
$$= (x - 1)(x + 1)(x - i)(x + i)$$

と 1 次式の積に因数分解されます．$x^4 - 1 = 0$ となるのは，右辺の分解に現れる 4 つの 1 次式のどれかが 0 のとき，つまり $x = \pm 1, \pm i$ のときであることがわかります．

## ■ 1 の立方根

定数 $a$ に対して方程式

$$x^3 = a$$

の解を $a$ の**立方根**と呼び，記号 $\sqrt[3]{a}$ で表します．$a$ が正の定数のとき，正の実数 $\sqrt[3]{a}$ は，体積が $a$ の立方体 (cube) の 1 辺の長さを表すことから，立方根 (cubic root) と呼ぶわけです．

実数 $x$ に対して，$x^3$ の符号 ($\pm$) は $x$ の符号と同じですから，実数 $a$ の立方根は，実数の範囲ではただ 1 つに定まります．たとえば，

$$\sqrt[3]{8} = 2, \quad \sqrt[3]{-1} = -1$$

です．これは，平方根の場合に，$x^2 = 2$ の解は正と負の 2 つあって，正の解を $\sqrt{2}$ と定めていたのとは事情が異なります．

今関心があるのは，複素数の範囲での立方根です．1 の立方根を求めてみましょう．実数の範囲では $\sqrt[3]{1} = 1$ です．3 次

方程式 $x^3 = 1$ を $x^3 - 1 = 0$ と変形すると，1 が根であることから $x^3 - 1$ は $x - 1$ で割り切れて，

$$x^3 - 1 = (x - 1)(x^2 + x + 1) = 0$$

と変形できます．したがって，

$$x - 1 = 0 \quad \text{または} \quad x^2 + x + 1 = 0$$

が成り立ちます．解の公式を用いて 2 次方程式 $x^2 + x + 1 = 0$ を解くと，

$$x = \frac{-1 \pm \sqrt{1 - 4}}{2} = \frac{-1 \pm \sqrt{3}\,i}{2}$$

が得られます．これらは，互いに複素共役の関係になっています．以上により，複素数の範囲における 1 の立方根は，

$$1, \quad \frac{-1 + \sqrt{3}\,i}{2}, \quad \frac{-1 - \sqrt{3}\,i}{2}$$

の 3 個であることがわかります．2 次方程式を調べたときに見たように，$x^2 + x + 1$ は上の 2 つの虚数を根に持ち，対応する 2 つの 1 次式の積に分解されます．したがって，$x^3 - 1$ は上の 3 個の根に対応する 3 つの 1 次式の積に分解されます．

因数分解と 2 次方程式の解の公式を用いて 1 の立方根を求めましたが，第 3 章で示したように 1 の立方根は，

$$1 \angle 0 = 1,$$
$$1 \angle \frac{2\pi}{3} = \cos \frac{2\pi}{3} + i \sin \frac{2\pi}{3} = \frac{-1 + \sqrt{3}\,i}{2},$$
$$1 \angle \frac{4\pi}{3} = \cos \frac{4\pi}{3} + i \sin \frac{4\pi}{3} = \frac{-1 - \sqrt{3}\,i}{2}$$

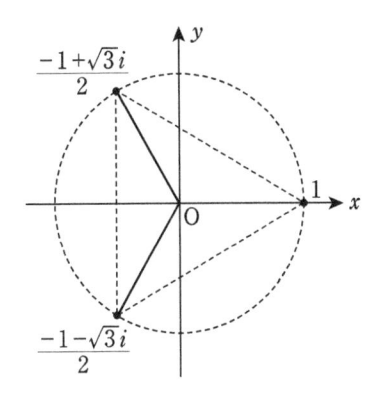

図4.2 1の立方根

となり，上で求めたものと一致しています．

実数でない1の立方根，つまり2次方程式 $x^2+x+1=0$ の解の一方を $\omega$ とおくと，もう1つの解は上で見たように $\omega$ の共役複素数 $\bar{\omega}$ になります．このことは，複素共役の性質を用いて

$$\bar{\omega}^2+\bar{\omega}+1=\overline{\omega^2+\omega+1}=0$$

としてもわかります．2つの解 $\omega$ と $\bar{\omega}$ について，$\omega^2=\bar{\omega}$ が成り立ちます．実際，2次方程式の解と係数の関係より，$\omega\bar{\omega}=1$ となり，$\omega^3=1$ を用いることにより，

$$\bar{\omega}=\frac{1}{\omega}=\frac{\omega^3}{\omega}=\omega^2$$

がわかります．したがって，

$$x^2+x+1=(x-\omega)(x-\omega^2)$$

であり，

$$x^3-1=(x-1)(x-\omega)(x-\omega^2)$$

がわかります．この因数分解からも，1の立方根は $1, \omega, \omega^2$ であることがわかります．

たとえば，$\omega = \dfrac{-1+\sqrt{3}i}{2}$ とおけば，$\omega^2 = \dfrac{-1-\sqrt{3}i}{2}$ となり，さらに $\omega$ と $\omega^2$ を掛けると1になることは，84ページでも見た通りです．

## ■ 3次方程式の解と係数の関係

一般に，複素数 $\alpha, \beta, \gamma$ は3次方程式

$$(x-\alpha)(x-\beta)(x-\gamma) = 0$$

の解になっています．左辺を展開すれば，

$$x^3 - (\alpha+\beta+\gamma)x^2 + (\alpha\beta+\beta\gamma+\gamma\alpha)x - \alpha\beta\gamma = 0$$

となります．つまり，3次方程式 $x^3 + ax^2 + bx + c = 0$ が解 $\alpha, \beta, \gamma$ を持つとすると，解と係数の関係（ヴィエトの公式）

$$a = -(\alpha+\beta+\gamma),$$
$$b = \alpha\beta+\beta\gamma+\gamma\alpha,$$
$$c = -\alpha\beta\gamma$$

が成り立ちます．

## ■ 1の $n$ 乗根

1の $n$ 乗根と $x^n - 1$ の因数分解との関係を $n = 3, 4$ の場合に見ました．一般の場合にどうなるかを考えてみましょう．一般の自然数 $n$ に対して，1の $n$ 乗根は，

$$\epsilon_k = 1\angle\frac{2k\pi}{n} = \cos\frac{2k\pi}{n} + i\sin\frac{2k\pi}{n} \quad (0 \leq k \leq n-1)$$

## 第4章　複素数と方程式

で与えられることを第3章で示しました．ド・モアブルの定理により，$\epsilon_1 = 1\angle\dfrac{2\pi}{n}$ を用いて，これらは $\epsilon_k = \epsilon_1^k$ と表されます．方程式 $x^n - 1 = 0$ の左辺は，

$$x^n - 1 = (x-1)(x^{n-1} + x^{n-2} + \cdots + x + 1)$$

と因数分解されるので，$x = 1$ 以外の $n-1$ 個の解 $\epsilon_1, \cdots, \epsilon_{n-1}$ は，$n-1$ 次方程式

$$x^{n-1} + x^{n-2} + \cdots + x + 1 = 0$$

の解になっています．もとの方程式 $x^n - 1 = 0$ の左辺は，解 $\epsilon_0, \cdots, \epsilon_{n-1}$ に対応して，

$$x^n - 1 = (x - \epsilon_0)(x - \epsilon_1)\cdots(x - \epsilon_{n-1})$$

と因数分解されます．$\epsilon_0 = 1$ より，

$$\dfrac{x^n - 1}{x - 1} = x^{n-1} + x^{n-2} + \cdots + x + 1$$
$$= (x - \epsilon_1)(x - \epsilon_2)\cdots(x - \epsilon_{n-1})$$

となっています．また，$1 \leqq k < \dfrac{n}{2}$ に対して，

$$\epsilon_k = 1\angle\dfrac{2k\pi}{n}, \quad \epsilon_{n-k} = 1\angle\left(2\pi - \dfrac{2k\pi}{n}\right)$$

は互いに複素共役であり，

$$\epsilon_k + \epsilon_{n-k} = 2\mathrm{Re}\,\epsilon_k = 2\cos\dfrac{2k\pi}{n}, \quad \epsilon_k \epsilon_{n-k} = |\epsilon_k|^2 = 1$$

が成り立ちます．したがって，対応する1次式の積は，

$$(x - \epsilon_k)(x - \epsilon_{n-k}) = x^2 - (\epsilon_k + \epsilon_{n-k})x + \epsilon_k \epsilon_{n-k}$$

$$= x^2 - 2x\cos\frac{2k\pi}{n} + 1$$

のように実数を係数とする 2 次式になります．$x^n - 1$ の 1 次式の積への因数分解において，$1 \leq k < \dfrac{n}{2}$ に対して $k$ 番目と $n-k$ 番目を組にして積をとって 2 次式を作ると，$x^n - 1$ は，$n$ が奇数のときこれらの 2 次式の積と $x-1$ の積，$n$ が偶数のときこれらの 2 次式の積と $x-1$ と $x - \epsilon_{n/2} = x+1$ の積になります．たとえば $n = 2m$（偶数）のとき，

$$x^{2m} - 1 = (x^2 - 1)\left(x^2 - 2x\cos\frac{\pi}{m} + 1\right)\cdots$$
$$\cdots\left(x^2 - 2x\cos\frac{(m-1)\pi}{m} + 1\right)$$

のように実数を係数とする 2 次式の積に因数分解されます．

### ■ コーツの定理

次の定理は，ニュートンと親交が深かったイギリスの数学者コーツが証明なしで書き残した結果です．

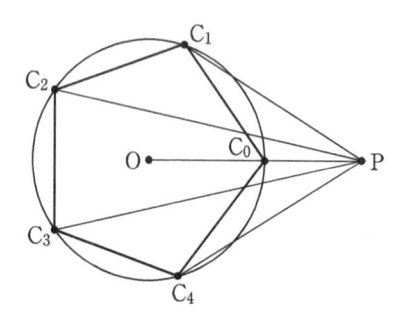

図 4.3 コーツの定理 ($n = 5$)

第 4 章　複素数と方程式

> **コーツの定理**
>
> $C_0C_1\cdots C_{n-1}$ を O を中心とする半径 1 の円に内接する正 $n$ 角形とし，半直線 $OC_0$ 上の点 P を $OP = x \geq 1$ となるようにとるとき，
>
> $$x^n - 1 = PC_0 \cdot PC_1 \cdots PC_{n-1}$$
>
> が成り立つ（図 4.3）．

以下で見るように，コーツの定理は，$x^n - 1$ の因数分解，そして複素数平面の幾何と密接に関係しています．

複素数平面上で O を 0，$C_0$ を 1，P を $x$ とします．正 $n$ 角形の頂点 $C_k$ は，1 の $n$ 乗根 $\epsilon_k = 1\angle\dfrac{2k\pi}{n}$ で表されます．すると，複素数の絶対値の性質 $|\alpha\beta| = |\alpha||\beta|$ を繰り返し使うことにより，

$$\begin{aligned}
PC_0 \cdot PC_1 \cdots PC_{n-1} &= |x - \epsilon_0||x - \epsilon_1|\cdots|x - \epsilon_{n-1}| \\
&= |(x - \epsilon_0)(x - \epsilon_1)\cdots(x - \epsilon_{n-1})| \\
&= |x^n - 1| = x^n - 1
\end{aligned}$$

となり，コーツの定理が証明されました．

$$\begin{aligned}
PC_k \cdot PC_{n-k} &= |(x - \epsilon_k)(x - \epsilon_{n-k})| \\
&= \left|x^2 - 2x\cos\dfrac{2k\pi}{n} + 1\right| \\
&= x^2 - 2x\cos\dfrac{2k\pi}{n} + 1 \quad (x \geq 1 \text{ より})
\end{aligned}$$

なので，コーツの定理は，先に述べた $x^n - 1$ の 2 次式と $x \pm 1$

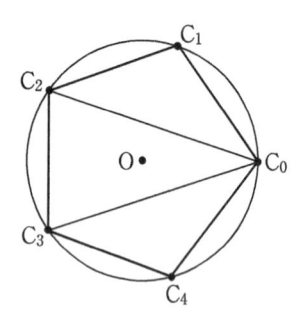

図 4.4　$C_0C_1 \cdot C_0C_2 \cdot C_0C_3 \cdot C_0C_4 = 5$ ($n = 5$)

への因数分解とほぼ同等のことを述べていることになります．複素数平面が登場したのはコーツよりも後の時代のことですが，複素数平面の幾何の立場に立つとコーツの定理は明解で見事な姿を現します．

上で与えたコーツの定理とその証明を少し変更して得られる等式を紹介します．$C_0$ を除く $n-1$ 個の点 $C_1, \cdots, C_{n-1}$ と P の距離の積を考えると，

$$\begin{aligned} PC_1 \cdot PC_2 \cdots PC_{n-1} &= |x - \epsilon_1||x - \epsilon_2| \cdots |x - \epsilon_{n-1}| \\ &= |(x - \epsilon_1)(x - \epsilon_2) \cdots (x - \epsilon_{n-1})| \\ &= |x^{n-1} + x^{n-2} + \cdots + 1| \end{aligned}$$

となります．ここで，$P = C_0$，つまり $x = 1$ とすると，

$$C_0C_1 \cdot C_0C_2 \cdots C_0C_{n-1} = n$$

が得られます．つまり，半径 1 の円に内接する正 $n$ 角形の 1 つの頂点 $C_0$ から他の $n-1$ 個の頂点に引いた弦の長さの積は

第 4 章　複素数と方程式

$n$ に等しくなります（図 4.4）．$1 \leqq k \leqq n-1$ に対して，

$$\begin{aligned}
\mathrm{C}_0\mathrm{C}_k &= \left|1 - 1\angle\frac{2k\pi}{n}\right| \\
&= \left|1\angle\frac{k\pi}{n} \cdot 1\angle\left(-\frac{k\pi}{n}\right) - 1\angle\frac{k\pi}{n} \cdot 1\angle\frac{k\pi}{n}\right| \\
&= \left|1\angle\frac{k\pi}{n}\left\{1\angle\left(-\frac{k\pi}{n}\right) - 1\angle\frac{k\pi}{n}\right\}\right| \\
&= \left|1\angle\frac{k\pi}{n}\right|\left|1\angle\left(-\frac{k\pi}{n}\right) - 1\angle\frac{k\pi}{n}\right| \\
&= \left|1\angle\left(-\frac{k\pi}{n}\right) - 1\angle\frac{k\pi}{n}\right| \\
&= \left|-2i\sin\frac{k\pi}{n}\right| = 2\sin\frac{k\pi}{n}
\end{aligned}$$

より，次が成り立ちます．

$$\left(2\sin\frac{\pi}{n}\right)\left(2\sin\frac{2\pi}{n}\right)\cdots\left(2\sin\frac{(n-1)\pi}{n}\right) = n$$

$2\sin\dfrac{k\pi}{n}$ が半径 1 の円の中心角 $\dfrac{2k\pi}{n}$ の弦の長さであることに着目すると，上の式は，次のように述べることができます．

半径 1 の円に内接する正 $2n$ 角形の頂点を結ぶ $n-1$ 本の平行な弦の長さの積は $n$ に等しい（図 4.5）．

## ■ 1 の 5 乗根

1 の平方根，立方根，4 乗根を $a+bi$ の形で具体的に書きました．実部，虚部の三角関数の値が平方根を用いて表される

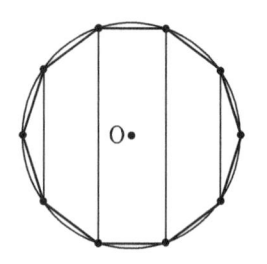

図 4.5 　正 10 角形の平行な弦

のは, 特別な $n$ の値に限られます. 第 3 章で例として扱ったように, $n = 8$ の場合は,

$$1 \angle \frac{\pi}{4} = \cos \frac{\pi}{4} + i \sin \frac{\pi}{4} = \frac{1+i}{\sqrt{2}},$$

それ以外についても同様に, 1 の 8 乗根はすべて平方根を用いて表されます. $n = 16$ の場合, 2 倍角の公式

$$\begin{aligned}\cos \frac{\pi}{4} &= \cos^2 \frac{\pi}{8} - \sin^2 \frac{\pi}{8} \\ &= 2\cos^2 \frac{\pi}{8} - 1 \\ &= 1 - 2\sin^2 \frac{\pi}{8}\end{aligned}$$

より,

$$\begin{aligned}1 \angle \frac{\pi}{8} &= \cos \frac{\pi}{8} + i \sin \frac{\pi}{8} \\ &= \frac{\sqrt{2+\sqrt{2}}}{2} + \frac{\sqrt{2-\sqrt{2}}}{2} i,\end{aligned}$$

それ以外についても同様に, 1 の 16 乗根はすべて平方根 (2 重根号を含む) を用いて表されることがわかります.

第 4 章　複素数と方程式

1 の 5 乗根も平方根を用いて表されます．1 の 5 乗根は，$x=1$ または 4 次方程式

$$x^4 + x^3 + x^2 + x + 1 = 0$$

の解です．この 4 次方程式は，次のようにして解くことができます．まず両辺を $x^2$ で割って，

$$x^2 + \frac{1}{x^2} + x + \frac{1}{x} + 1 = 0,$$

平方完成すると，

$$\left(x + \frac{1}{x}\right)^2 + x + \frac{1}{x} - 1 = 0$$

となります．したがって，$y = x + \frac{1}{x}$ とおくと，

$$y^2 + y - 1 = 0,$$

2 次方程式の解の公式より，

$$y = \frac{-1 \pm \sqrt{5}}{2}$$

となります．$y = x + \frac{1}{x}$ より，上で求めた $y$ の値のそれぞれに対して，$x$ は 2 次方程式 $x^2 - yx + 1 = 0$ の解になります．これを解の公式で解くことにより，$\epsilon_1, \cdots, \epsilon_4$ を平方根を用いて表すことができます．たとえば，

$$\epsilon_1 = \frac{-1 + \sqrt{5}}{4} + \frac{\sqrt{10 + 2\sqrt{5}}}{4}i$$

です．実部・虚部をとれば，$\cos\dfrac{2\pi}{5}$, $\sin\dfrac{2\pi}{5}$ の値が求められたことになります．読者は，$\epsilon_2$, $\epsilon_3$, $\epsilon_4$ も書いてみるとよいでしょう．

1の5乗根 $x = \epsilon_k$ に対して，

$$y = \epsilon_k + \frac{1}{\epsilon_k} = \epsilon_k + \overline{\epsilon_k} = \epsilon_k + \epsilon_{5-k},$$

つまり解を組にした和が2次方程式 $y^2 + y - 1 = 0$ の解になっていることが，上の計算のポイントです．

## ■ 正 $n$ 角形の作図

上で見た $n = 3, 4, 5, 8, 16$ の場合のように，四則演算と開平方（平方根をとる操作）を組み合わせて，1の $n$ 乗根が求められることは，正 $n$ 角形が定規とコンパスを用いて作図できることと同値です．たとえば，一番簡単な正三角形は，2頂点 A, B を中心とし，これらの点の距離を半径とする円をコンパスで描くことにより，その交点として3番目の頂点 C が作図できます．これらの $n$ に対する正 $n$ 角形の作図法は，紀元前3世紀頃編纂されたユークリッドの『原論』に記されています．1796年にガウスは正17角形が定規とコンパスを用いて作図可能であることを示しました．特に，

$$2\cos\frac{2\pi}{17} = \epsilon_1 + \epsilon_{16} = \frac{1}{8}\left(\sqrt{17} - 1 + \sqrt{34 - 2\sqrt{17}}\right)$$
$$+ \frac{1}{4}\sqrt{17 + 3\sqrt{17} - \sqrt{170 + 38\sqrt{17}}}$$

です（右辺の近似値は 1.865）．正5角形の場合と同様に解を組にして考えるのですが，どのように組にするかは，ガウスの深い洞察によります．

第 4 章　複素数と方程式

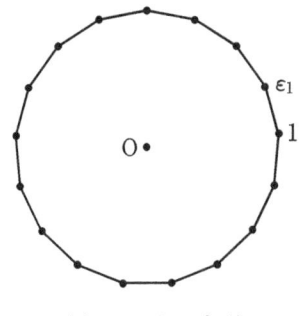

図 4.6　正 17 角形

　ガウスは，素数 $n$ に対して，正 $n$ 角形が定規とコンパスを用いて作図可能である，つまり 1 の $n$ 乗根が四則演算と開平方を組み合わせて求められるのは，$n$ が $2^{2^k}+1$（$k$ は 0 以上の整数）の形の素数（フェルマー素数）のとき，そしてそのときに限ることを示しました．そのような素数は，小さい方から順に $n = 3, 5, 17, 257, \cdots$ です．古代ギリシャ以来の正多角形の作図問題について 2000 年以上を経て新たな結果を示したことと共に，方程式 $x^n = 1$ の解の全体の間の対称性と平方根を用いて解けることの間の関係を明らかにした点にガウスの業績の価値があります[2]．ガウスは解の間の関係を調べることにより方程式 $x^n = 1$ が平方根をとる操作と四則演算を組み合わせて解けるための条件を求めました．解をうまく組にするというガウスが用いた考え方は，後にガロアによって研究され，代数方程式のガロア理論に結実しました．

---

[2] ガウスによる正 17 角形の作図を巡る話題については，S.G. ギンディキン『ガウスが切り開いた道』（シュプリンガー数学クラブ），高木貞治『近世数学史談』（岩波文庫）を読むことをお勧めします．

古代ギリシャでは，次の3つの作図問題が考えられ，長らく未解決でした．

(1) （円積問題）与えられた円と同じ面積を持つ正方形を作図せよ．

(2) （立方体倍積問題）与えられた立方体の2倍の体積を持つ立方体の辺の長さを作図せよ．

(3) （角の三等分問題）任意の角を三等分せよ．

これらの問題はいずれも19世紀に否定的に解決されました．いずれも定規とコンパスを用いて作図できないことが証明されたのです．

立方体倍積問題は，はじめの立方体の1辺の長さを1とすれば，体積が $1^3 = 1$ の2倍の2である立方体の1辺の長さ，つまり $\sqrt[3]{2}$ を作図する問題ということになります．また，$\cos\theta$ は $\cos\dfrac{\theta}{3}$ の3次式であり，3倍角の公式により $\cos\theta$ を与えて $\cos\dfrac{\theta}{3}$ を求めることは3次方程式を解く問題になります．3次方程式の解であることから，立方体倍積問題と角の3等分問題は，定規とコンパスで作図できないことを1837年にワンツェルが示しました．

また，円積問題は，はじめの円の半径を1とすると，面積が $\pi$ の正方形の1辺の長さ $\sqrt{\pi}$ を作図する問題となります．1882年にリンデマンは，円周率 $\pi$ は**超越数**であることを示しました．超越数とは，有理数を係数とするどんな $n$ 次方程式の解にもならない数のことをいいます．$\pi$ は有理数を係数とする2次方程式の解にならないので，$\sqrt{\pi}$ は定規とコンパス

## 第4章 複素数と方程式

で作図できないことがわかります.オイラーの公式に現れるネイピアの数 $e$ も超越数であることが知られています.

### ■ 複素数の平方根

ド・モアブルの定理より,極形式で表された複素数 $\alpha = r\angle\theta$ の平方根,つまり $z^2 = \alpha$ となる複素数 $z$ は,$z = \pm\sqrt{r}\angle\dfrac{\theta}{2}$ ですが,これを $\alpha = a + bi$ の実部・虚部 $a, b$ に四則演算と開平操作をほどこした式で表すことはできるでしょうか.答えはイエスです.

$z = x + yi$($x, y$ は実数)とおくと,

$$z^2 = (x + yi)^2 = x^2 - y^2 + 2xyi = a + bi$$

より,実部と虚部を比較して,連立方程式

$$x^2 - y^2 = a, \quad 2xy = b$$

が得られます.

$$(x^2 + y^2)^2 = (x^2 - y^2)^2 + (2xy)^2 = a^2 + b^2$$

より,$x^2 + y^2 = \sqrt{a^2 + b^2}$ です.$x^2 - y^2 = a$ と合わせて,

$$x^2 = \frac{a + \sqrt{a^2 + b^2}}{2},$$
$$y^2 = \frac{-a + \sqrt{a^2 + b^2}}{2}$$

です.右辺はゼロ以上になっていることに注意します.最初の式より,

$$x = \pm\sqrt{\frac{a + \sqrt{a^2 + b^2}}{2}},$$

$2xy = b$ より,$b \neq 0$ のとき,

$$y = \frac{b}{2x} = \pm \frac{b}{\sqrt{2(a + \sqrt{a^2 + b^2})}},$$

したがって,$z^2 = a + bi \ (b \neq 0)$ となる複素数は,

$$z = \pm \left( \sqrt{\frac{a + \sqrt{a^2 + b^2}}{2}} + \frac{bi}{\sqrt{2(a + \sqrt{a^2 + b^2})}} \right)$$

です.

### ■ $x^n + 1$ の因数分解

138 ページで,$x^n - 1$ が実数係数の 2 次式または 1 次式の積に因数分解されることを見ましたが,同様の方法により,$x^n + 1$ も実数係数の 2 次式または 1 次式の積に因数分解されることがわかります.たとえば,$n = 4$ のとき,

$$x^4 + 1 = \left( x^2 - 2x \cos \frac{\pi}{4} + 1 \right) \left( x^2 - 2x \cos \frac{3\pi}{4} + 1 \right)$$
$$= (x^2 - \sqrt{2}x + 1)(x^2 + \sqrt{2}x + 1),$$

一般に $n = 2m$(偶数)のとき,$x^{2m} + 1$ は実数を係数とする $m$ 個の 2 次式の積

$$x^{2m} + 1 = \left( x^2 - 2x \cos \frac{\pi}{2m} + 1 \right) \left( x^2 - 2x \cos \frac{3\pi}{2m} + 1 \right) \cdots$$
$$\left( x^2 - 2x \cos \frac{(2m-1)\pi}{2m} + 1 \right)$$

に因数分解されます.

## 第4章　複素数と方程式

　これらの因数分解はコーツが書き残したものです．33歳で病死したコーツの遺稿を出版のために整理したのはド・モアブルです．ド・モアブルは自身の理論を用いて，$x^n \pm 1$ を因数分解しました．$x^n \pm 1$ の2次式への因数分解は，不定積分

$$\int \frac{1}{x^n \pm 1} dx$$

の計算に関連して，ニュートン，ライプニッツの関心の対象でした．

　大学の微分積分で学ぶように，分母の因数分解を用いて次のように不定積分を計算することができます．詳しくは微分積分の教科書に譲りますが，現れる式の形を例で見ておきます．たとえば，$n=4$ のとき，因数分解 $x^4 - 1 = (x^2+1)(x+1)(x-1)$ に対応して，積に現れる2次式または1次式を分母に持つ分数の和の形（部分分数）

$$\frac{1}{x^4 - 1} = -\frac{1}{2(x^2+1)} - \frac{1}{4(x+1)} + \frac{1}{4(x-1)}$$

に変形できます．これを用いて不定積分は次のように表されます．

$$\int \frac{1}{x^4 - 1} dx = -\frac{1}{2} \arctan x - \frac{1}{4} \log|x+1| + \frac{1}{4} \log|x-1| + C$$

ここで，arctan は逆正接関数，log はネイピアの数 $e$ を底とする対数（自然対数），$C$ は積分定数を表します．一般の自然数 $n$ の場合も，上で述べた実数係数の1次式と2次式への因数分解を用いて $\dfrac{1}{x^n \pm 1}$ の積分を求めることができます．

## §3　方程式の解の存在と解法

### ■ 高次方程式の解

　実数の範囲では解を持たない2次方程式 $x^2+1=0$ を満たす新たな数 $i$ を導入して複素数を考えると，どんな2次方程式も複素数の範囲で2つの解を持つことを見ました．そして，3次方程式や4次方程式のいくつかの例，一般の自然数 $n$ に対する方程式 $x^n=1$ 等において，方程式の次数と解の個数が一致しており，それは多項式の1次式の積への分解と対応していることを見ました．

　17世紀前半のジラール，デカルトらは，一般の $n$ 次方程式の解に対する洞察を得ていました．フランダース出身の数学者ジラールは1629年の著書『代数学の新発明』において，$n$ 次方程式の解と係数の関係を証明し，$n$ 次方程式は $n$ 個の解を持つと主張しました．デカルトは1637年の著書『幾何学』において，$n$ 次方程式は $n$ 個の解を持つことを示唆しました．ジラールは負の数や虚数も解として認めていましたが，デカルトは正の数以外は真の解と認めませんでした．デカルトは『幾何学』において，$x=\alpha$ が多項式 $p(x)$ の根である（つまり $p(\alpha)=0$ を満たす）ならば，$p(x)$ は $x-\alpha$ で割り切れるという，高校数学で学ぶ因数定理を与えました．これまでに出てきた例では，特に説明をせずに，多項式の根が見つかればそれに応じて多項式を因数分解してきましたが，このような計算ができるのも，多項式の記号や計算法を確立したヴィエトやデカルトたちのおかげなのです．

## 第 4 章　複素数と方程式

$n$ 次方程式が $n$ 個の解を持つというのは，16, 17 世紀の方程式論の概要を高校数学や本書で知った立場から見ればうなずけるのではないでしょうか．ただし，ジラールやデカルトは，2 次方程式の解の公式，3 次方程式のカルダーノの公式や高次方程式のいくつかの例は知っていても，一般の $n$ 次方程式の実数でない解がどんなものかわからなかった（デカルトは関心がなかった）のです．最終的な解決は次に述べる代数学の基本定理により与えられます．

### ■ 代数学の基本定理

$a_0, a_1, \cdots, a_n$ を複素数，$a_0 \neq 0$ とするとき，

$$a_0 x^n + a_1 x^{n-1} + \cdots + a_{n-1} x + a_n = 0$$

を複素数を係数とする $n$ 次方程式といいます．このように，$n$ 次多項式 $p(x) = a_0 x^n + a_1 x^{n-1} + \cdots + a_{n-1} x + a_n$ に対して $p(x) = 0$ の形をした方程式を**代数方程式**といいます．代数方程式の解について次の定理が成り立ちます．

> **代数学の基本定理**
> 任意の代数方程式は複素数解を持つ．

実数を係数とする 2 次方程式は，判別式の値が負のとき，実数の範囲では解を持ちませんが，複素数の範囲で解を持ちます．一般の代数方程式も複素数の範囲で必ず解を持つのです．

解の存在がわかれば，方程式の次数と（重複度を込めた）解の個数が一致することは容易にわかります．実際，$n$ 次方程

式 $p(x) = 0$ の 1 つの複素数解 $\alpha_1$ をとると，因数定理より，$p(x)$ は $x - \alpha_1$ で割り切れます．つまり，$n-1$ 次多項式 $q_1(x)$ があって，

$$p(x) = (x - \alpha_1)q_1(x)$$

と書くことができます．ふたたび代数学の基本定理より $q_1(x) = 0$ は複素数解 $\alpha_2$ を持ち，

$$q_1(x) = (x - \alpha_2)q_2(x),$$

したがって，

$$p(x) = (x - \alpha_1)(x - \alpha_2)q_2(x)$$

と因数分解されます．繰り返せば，$n$ 次多項式 $p(x)$ は 1 次式の積

$$p(x) = a_0(x - \alpha_1)(x - \alpha_2) \cdots (x - \alpha_n)$$

に因数分解できることがわかります．$\alpha_1, \cdots, \alpha_n$ の中に同じものがあるかもしれません．したがって，$n$ 次方程式が重複度を込めて $n$ 個の複素数解を持つことが示されました．このことも代数学の基本定理と呼ばれます．

---

**代数学の基本定理**
複素数を係数とする $n$ 次方程式は，重複度を込めて $n$ 個の複素数解を持つ．

---

自然数から始めて，整数，有理数，実数，複素数と「数」の概念を広げてきましたが，代数学の基本定理は，解を探すた

## 第4章 複素数と方程式

めにこれ以上数の範囲を広げなくてもよいことを保証するものです.

17〜18世紀には,数式の変形により方程式を解く方法が発展し,複素数も正式な数とまではいかないまでも数として認知されつつありました. $n$ 次方程式は $n$ 個の解を持つであろうことは,この時代の数学者たちに指摘されていましたが,それが $a+bi$ の形をした虚数なのか,さらに数の枠組みを広げなければいけないのかわかりませんでした. 方程式を具体的に解くのではなく,解の存在を証明するというのは,現代数学につながる新たな局面を迎えたと見ることができます. 18世紀から19世紀にかけて代数学の基本定理の証明の試みがいくつかなされました. 1799年の学位論文でガウスは,ダランベール,オイラーによる既存の証明を不十分であると指摘し,代数学の基本定理の証明を与えました. ガウスの証明も現代の立場から見ると不備はありますが,代数学の基本定理は,生涯で4通りの証明を与えたガウスの定理とされています.

複素数あるいは特に実数を係数とする代数方程式が複素数の範囲で解を持つというのは,複素数の重要性を決定づける著しい性質です.

## ■ 実数を係数とする代数方程式

係数 $a_0, a_1, \cdots, a_n$ が実数の $n$ 次多項式

$$p(x) = a_0 x^n + a_1 x^{n-1} + \cdots + a_{n-1} x + a_n \quad (a_0 \neq 0)$$

153

を考えます．複素共役の性質

$$\bar{a} = a \quad (a \text{ は実数}),$$
$$\overline{\alpha + \beta} = \bar{\alpha} + \bar{\beta},$$
$$\overline{\alpha\beta} = \bar{\alpha}\bar{\beta}$$

を使うことにより，

$$\overline{p(x)} = \overline{a_0 x^n + a_1 x^{n-1} + \cdots + a_{n-1} x + a_n}$$
$$= \overline{a_0 x^n} + \overline{a_1 x^{n-1}} + \cdots + \overline{a_{n-1} x} + \overline{a_n}$$
$$= a_0 \bar{x}^n + a_1 \bar{x}^{n-1} + \cdots + a_{n-1} \bar{x} + a_n$$

つまり

$$\overline{p(x)} = p(\bar{x})$$

が成り立つことがわかります．したがって，$\alpha$ が $n$ 次方程式 $p(x) = 0$ の解（すなわち，$p(\alpha) = 0$）ならば，$\bar{\alpha}$ も解になります．$p(x) = 0$ が虚数解 $\alpha = p + qi$（$p, q$ は実数，$q \neq 0$）を持つとすると，$\bar{\alpha} = p - qi$ も解になるので，$p(x)$ は

$$(x - p - qi)(x - p + qi) = (x - p)^2 + q^2$$
$$= x^2 - 2px + p^2 + q^2$$

で割り切れます．（この 2 次式をゼロとおいた 2 次方程式の判別式は $-4q^2 < 0$ になっています．）代数学の基本定理より，$p(x)$ は $x - \alpha$（$\alpha$ は $p(x)$ の根）の形の 1 次式の積に分解されます．虚数解があれば，上のように複素共役な解と組にして考えることにより，次が成り立つことがわかります．

## 第 4 章　複素数と方程式

> 実数を係数とする多項式は，実数を係数とする 1 次式または 2 次式の積に因数分解される．

この事実は，$x^n \pm 1$ の場合には §2 で既に述べた通りです．上の事実の応用として，149 ページで述べた $\dfrac{1}{x^n \pm 1}$ の場合と同様に，実数係数の多項式の商 $q(x)/p(x)$ の不定積分は多項式，対数関数，逆正接関数を用いて表せることが示されます．

### ■ 方程式の代数的解法

代数学の基本定理により解が存在することはわかっていても，解を見つけ出せるかどうかは別問題です．代数方程式の解を求める方法はあるのでしょうか．2 次方程式の解の公式を復習し，3 次方程式のカルダーノの公式を紹介しました．これらの公式は，方程式の係数から始めて，加減乗除の四則演算とべき根（平方根，立方根，一般に $n$ 乗根）をとる有限回の操作を組み合せて解を求める方法を与えるものです．このような解法を**代数的解法**といいます．4 次方程式の代数的解法はカルダーノの弟子のフェラーリが発見しました．

5 次以上の方程式に対しても解の公式を見つけたいと思うのは自然なことです．ノルウェーの数学者アーベルは 1824 年に，5 次以上の代数方程式には一般的な代数的解法がないことを証明しました．（$x^5 = 1$, $x^{17} = 1$ のように 5 次以上でも個別には代数的に解ける方程式もあります．）フランスの数学者ガロアは，代数的解法を持つ代数方程式の特徴づけを与えました．ガロアの研究が評価されたのは，1832 年に 20 歳の若

さで決闘により亡くなってからのことです．

5次方程式には代数的解法はありませんが，解を楕円関数，あるいは超幾何関数と呼ばれる特殊関数で表す代数的でない解法はあります．また，代数方程式の解の近似値を知ることは応用上重要であり，様々な近似解法が知られています．

## ■ 代数学の基本定理の証明

補足として，代数学の基本定理の証明の概略を示します．これは，ダランベールによる証明の不完全な部分をアルガンが複素数平面の考え方を用いて正しく補ったもので，コーシーの1821年の著書『解析教程』に収録されました．これは，現在の大学の標準的な数学の教程の流れの中で理解しやすい代数学の基本定理の証明の1つです．高校までの数学では馴染みのない奇妙な議論を見てもらう意味も込めてここに記します．

$n$ 次多項式

$$p(z) = a_0 z^n + a_1 z^{n-1} + \cdots + a_{n-1} z + a_n \quad (a_0 \neq 0)$$

に対して，複素数 $z$ に実数 $|p(z)|$ を対応させる関数を考えます．次の2つを示すことにより，代数学の基本定理が証明されます．

(1) 複素数平面上の関数 $|p(z)|$ は最小値を持つ．

(2) ある点 $z_0$ で $p(z_0) \neq 0$ ならば，$|p(z)| < |p(z_0)|$ を満たす点 $z$ が存在する．

(1), (2) が証明できれば，方程式 $p(z) = 0$ は複素数解を持つことが次のようにしてわかります．任意の複素数 $z$ に対して，

## 第 4 章　複素数と方程式

$|p(z)| \geq 0$ ですが, (1) の最小値が正だったとすると, (2) より, それより小さい $|p(z)|$ の値があることになり, 最小性に矛盾します. したがって, $|p(z)|$ の最小値はゼロ, つまり $|p(\alpha)| = 0$ となる複素数 $\alpha$ が存在することがわかります. このとき, $p(\alpha) = 0$ であり, $\alpha$ が方程式 $p(z) = 0$ の解になります.

(1) は次のように証明されます. $|z|$ が大きいときと小さいときに分けて考えます. $|z|$ が大きいとき, $p(z)$ の振る舞いは, 最高次数の項でだいたい決まります. $|z| \to \infty$ のとき,

$$z^{-n}p(z) = a_0 + \frac{a_1}{z} + \cdots + \frac{a_{n-1}}{z^{n-1}} + \frac{a_n}{z^n}$$

は $a_0$ に近づくので, $|p(z)| = |z^n z^{-n} p(z)| = |z|^n |z^{-n} p(z)|$ はいくらでも大きくなります. 特に, $|p(z)|$ と $|p(0)| = |a_n|$ を比べると, 正の数 $R$ を十分大きくとるとき, $|z| > R$ ならば $|p(z)| > |a_n|$ が成り立ちます. 一方, $|z| \leq R$ の範囲（原点を中心とする半径 $R$ の円の周および内部）で実数値連続関数 $|p(z)|$ は最小値をとります.（これは 19 世紀後半に確立された実数値連続関数の基本性質であり, 大学の微分積分で学びます.）この最小値は $|a_n|$ 以下なので, 複素数平面全体における $|p(z)|$ の最小値になります.

(2) は次のように証明されます. $z = z_0 + h$ とおいて,

$$p(z_0 + h) = a_0(z_0 + h)^n + a_1(z_0 + h)^{n-1} + \cdots + a_n$$

をすべて展開して $h$ について整理すると,

$$p(z_0 + h) = b_0 + b_1 h + \cdots + b_n h^n$$

のように $h$ の $n$ 次式になります. ここで, 係数 $b_0, b_1, \cdots b_n$ は $a_0, a_1, \cdots, a_n$ の式で表されます. 特に重要な最高次の項と定

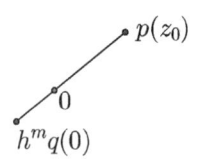

図 4.7　$p(z_0)$ と $h^m q(0)$ の位置関係

数項を見ておきます．$h^n$ は展開 $(z_0 + h)^n = z_0^n + \cdots + h^n$ に現れるだけなので，$b_n = a_0 \neq 0$ であり，上式で $h = 0$ として比較すると定数項は $b_0 = p(z_0)$ であることがわかります．$b_1 = 0$ かもしれないので，$b_1, b_2, \cdots, b_n$ の中で最初にゼロでないものを $b_m$ とします．$b_n \neq 0$ なので，このような $m$ $(1 \leq m \leq n)$ は必ず存在します．$b_1$ から $b_{m-1}$ まではゼロで $b_m \neq 0$ なので，

$$p(z_0 + h) = p(z_0) + h^m(b_m + \cdots + b_n h^{n-m}), \quad b_m \neq 0$$

となります．したがって，$q(h) = b_m + \cdots + b_n h^{n-m}$ とおくと，

$$p(z) = p(z_0 + h) = p(z_0) + h^m q(h), \quad q(0) \neq 0$$

と表されます．$h$ の偏角を

$$\arg(h^m q(0)) = \pi + \arg p(z_0),$$

つまり，$m \arg h = \pi + \arg p(z_0) - \arg q(0)$ により定めると，図 4.7 のように複素数平面上で $h^m q(0)$ と $p(z_0)$ は原点をはさんで正反対の向きになり，$h^m q(0) = -k p(z_0)$ $(k > 0)$ と表されます．したがって，

$$p(z_0) + h^m q(0) = p(z_0) - k p(z_0) = (1 - k) p(z_0)$$

## 第 4 章 複素数と方程式

となります．$|h^m q(0)| < |p(z_0)|$ となるように $|h|$ を十分小さくとると，$k$ は $0 < k < 1$ を満たします．このとき，

$$|p(z_0) + h^m q(0)| = (1-k)|p(z_0)| < |p(z_0)|$$

が成り立ちます．偏角は上のように固定して，左辺の $q(0)$ の部分を $q(h)$ に換えても，$|h|$ が小さいとき，$h$ について 1 次以上の項の和 $q(h) - q(0)$ の影響は小さいため，不等号の向きは変わらず，

$$|p(z)| = |p(z_0) + h^m q(h)| < |p(z_0)|$$

が成り立ちます．つまり (2) が示されました．

上の証明は，代数方程式の複素数解の存在を保証していますが，解の見つけ方については何も述べていません．2 次方程式の解の公式のように，方程式の係数に四則演算とべき根をとる有限回の操作を組み合せて解を求める方法は，一般の 5 次以上の方程式に対しては存在しません．

# 第5章 べき乗からオイラーの公式へ

> $e^{i\pi} = -1$ は，理解し難く，訳が解らないが，証明したのだから，間違いなく正しいことはわかっている．全くもって奇妙な等式である
>
> パース[1]

　第3章で見たド・モアブルの定理 $(1\angle\theta)^n = 1\angle(n\theta)$（絶対値が1で偏角が $\theta$ の複素数を $n$ 乗すると，絶対値が1で偏角が $n\theta$ の複素数になる）は，指数法則 $(a^\theta)^n = a^{n\theta}$ と似ています．一方で，$a^\theta$ の値は，$a > 1$ のとき指数的に増大し，$0 < a < 1$ のとき指数的に減少するのに対して，$1\angle\theta$ は複素数平面上の原点中心半径1の円周上の点であり，共通性が見られません．この章では，$1\angle\theta = \cos\theta + i\sin\theta$ が実は，指数関数に他ならないというオイラーの公式

$$e^{i\theta} = \cos\theta + i\sin\theta$$

を解説します．

## §1 複利計算と指数

　100万円の元金を金利が年0.2%，利払いが年2回の複利で銀行に預けたとき2年後の元利合計はいくらになるでしょう？

---
[1]パース（1809〜1880）はアメリカの数学者．

## 第5章 べき乗からオイラーの公式へ

半年間の金利は 0.2% = 0.002 の半分の 0.001 です．$A_0 = 100$ として，半年ごとの元利合計を $A_1, A_2, A_3, A_4$ とすると，

$$A_1 = 100 + 100 \cdot 0.001 = 100(1 + 0.001)$$
$$A_2 = A_1(1 + 0.001) = 100(1 + 0.001)^2$$
$$A_3 = A_2(1 + 0.001) = 100(1 + 0.001)^3$$

となり，2年後の元利合計は

$$A_4 = 100(1 + 0.001)^4 = 100.4006 \text{（万円）}$$

となります．$A_0, A_1, \cdots, A_4$ を数直線上に図示すると図 5.1 のようになります．

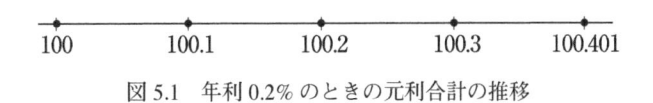

図 5.1 年利 0.2% のときの元利合計の推移

利率が低いので雪だるま式に元利が増えていくという訳にはいきませんね．金利を年 100%，つまり半年で 50% = 0.5 にして得られる，

$$A_k = 100(1 + 0.5)^k \quad (k = 0, 1, \cdots, 4)$$

を数直線に図示すると図 5.2 のようになります．スケールを変えて 0 から $A_4 = 506.25$ まで表示しています．今度は元利合計が激しく増加していますね．元金，年利，利払い回数を一般にすると，次が成り立ちます．

*161*

```
0    100 150   225      337.5        506.25
```

図 5.2　年利 100% のときの元利合計の推移

> **複利の公式**
>
> 元金 $P$ を年利 $r$（年利は小数で与える），利払いが年 $m$ 回の複利で預けたとき，$t$ 年後の元利合計を $A$ とすると，
>
> $$A = P\left(1 + \frac{r}{m}\right)^{mt}.$$

複利の公式において $P = 1, r = 1, t = 1, m = n$ として得られる

$$A = \left(1 + \frac{1}{n}\right)^n$$

について，$n$ の値を大きくしたときの変化を見てみましょう．結果を表 5.1 に示します．1 年あたり $n$ 回の複利計算において $n = 365$ なら毎日複利，$n = 365 \times 24$ なら 1 時間ごとの複利，さらに $n$ を大きくしていくと，1 分ごと，1 秒ごと … と時間間隔が短くなっていきます．

$n$ をどんどん大きくしていくと値は 2.71828 に近づいていることが観察できます．$n$ を限りなく大きくすると $(1 + 1/n)^n$ は一定値に近づくことが知られています．この値を記号 $e$ で表します．$e$ は指数や対数の底として非常に重要な数学定数です．$e$ はネイピアの数または自然対数の底と呼ばれます．ネイピアは 16 世紀末に対数を発明した人です．$e$ は無理数であり，さらに超越数であることが知られています．（超越数につ

第 5 章　べき乗からオイラーの公式へ

| $n$ | $\left(1+\frac{1}{n}\right)^n$ |
|---|---|
| 1 | 2 |
| 10 | 2.59374 |
| 100 | 2.70481 |
| 1,000 | 2.71692 |
| 10,000 | 2.71815 |
| 100,000 | 2.71827 |
| 1,000,000 | 2.71828 |
| 10,000,000 | 2.71828 |

表 5.1　$\left(1+\frac{1}{n}\right)^n$ の変化

いては，146 ページで触れました．）$n$ を限りなく大きくすることを，$n \to \infty$ と書き，このとき $(1+1/n)^n$ が一定値 $e$ に限りなく近づくことを次のように書きます．（lim は極限（limit）を意味する記号です．）

**ネイピアの数**

$$e = \lim_{n\to\infty}\left(1+\frac{1}{n}\right)^n \fallingdotseq 2.718$$

複利計算において年間の利払い回数 $m$ を無限に大きくすると，各瞬間ごとに金利がつくことになります．これを連続複利といいます．複利の公式において $m$ を無限大に大きくした極限をネイピアの数 $e$ を用いて計算することができます．

$\dfrac{m}{r} = n$ とおいて複利の公式を変形すると，

$$A = P\left(1 + \frac{1}{n}\right)^{nrt} = P\left\{\left(1 + \frac{1}{n}\right)^n\right\}^{rt}$$

となり，$n$ を大きくすると，$(1+1/n)^n$ の部分がネイピアの数 $e$ に近づくので，$A$ は $Pe^{rt}$ に近づきます．（ここで $e^x$ は $e$ を底とする指数関数を表します．）したがって，次が得られました．

---

**連続複利の公式**

元金 $P$ を年利 $r$（年利は小数で与える）の連続複利で預けたとき，$t$ 年後の元利合計を $A$ とすると，

$$A = Pe^{rt}$$

---

繰り入れ回数が無限に大きくなるということは現実にはありえませんが，だから連続複利の公式は空論であるということにはなりません．金利 $r$ が小さければ，繰り入れ回数 $m$ と $r$ の比 $m/r = n$ は大きくなり，連続複利の公式と複利の公式との間の誤差は小さくなり，よい近似を与えるので，連続複利の公式は金融の計算でよく使われています．（必要なら誤差がどの程度か確認することも可能です．）上の連続複利の公式を見ると，元利合計は，年利と年数の積 $rt$ と元金 $P$ により決まることが一目でわかります．$m$ あるいは $n$ の入った複利の公式からは積 $rt$ の役割をすぐに読み取ることはできません．

複利計算は，企業や国家などの組織だけでなく，個人にとっても預金やローンなどの形で関わりが深く役に立つ知識ですから，知っておいて損はないでしょう．

## §2　指数関数の折れ線近似

$n$ の値を大きくしていくと，

$$\left(1 + \frac{1}{n}\right)^n$$

はネイピアの数 $e$ に近づくことを前節で説明しました．$e$ の近似値は $2.718\cdots$ です．複利の公式において，$P = 1, r = x, t = 1, m = n$ とすると，連続複利の公式を導いた議論より，次が成り立ちます．

---
**$e$ を底とする指数関数**

$$e^x = \lim_{n \to \infty} \left(1 + \frac{x}{n}\right)^n$$

---

この式は，オイラーが与えた指数関数の定義式です．これを改めて指数関数 $e^x$ の定義とする方が，$e^x$ の $x$ を自然数から有理数，実数と拡張する過程の煩雑さを避けることができる点で有利です．$1 + x/n$ を $n$ 回掛けたものを考え，$n$ を大きくしたときの極限として指数関数 $e^x$ を定めるのです．

$0 \leqq k \leqq n$ に対して，

$$y_k = \left(1 + \frac{1}{n}\right)^k \quad (0 \leqq k \leqq n)$$

とおきます．$n = 5$ としたときの $y_0, y_1, \cdots, y_5$ を図 5.3 に示します．（複利の公式に関連して前節で示したものと同様です．）$n$ が小さいので $y_5 = 2.488$ は $e$ のよい近似値とはいえません．

165

0　　　　　　　　1　1.2　1.44　1.728　2.074　2.488

図 5.3　点 $(1 + 1/5)^k$ $(0 \leqq 1 \leqq 5)$

$x$ 軸上の区間 $0 \leqq x \leqq 1$ の $n$ 等分点を

$$x_k = \frac{k}{n} \quad (0 \leqq k \leqq n)$$

とおきます．そして，$xy$ 平面上の点 $P_k(x_k, y_k)$ を $k = 0, 1, \cdots, n$ に対して順番に結んで折れ線を作ります．$n = 5$ のときは図 5.4 のようになります．$y = e^x$ のグラフを破線で描いてあります．（$y$ について $0.7 \leqq y \leqq e$ の範囲でグラフを描いています．）$x = 1$ での値だけでなく，$y = e^x$ のグラフと折れ線を比べると，比較的近いようにも見えます．$n = 20$ とした折れ線を図 5.5 に示します．$x = 1$ における値は 2.653 であり，$n = 5$

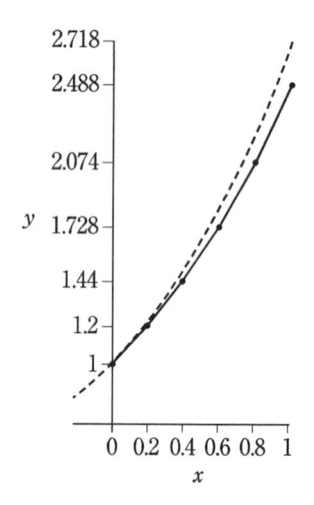

図 5.4　$n = 5$ のときの $y = e^x$ $(0 \leqq x \leqq 1)$ の折れ線近似

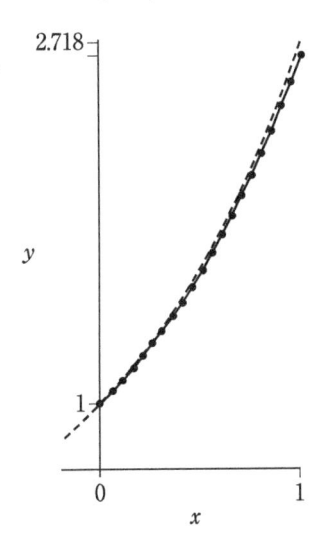

第 5 章　べき乗からオイラーの公式へ

図 5.5　$n = 20$ のときの $y = e^x$ $(0 \leq x \leq 1)$ の折れ線近似

のときより $e$ に近づいているもののまだ誤差が大きいですが，折れ線（実線）と $y = e^x$ のグラフ（破線）が接近している様子は顕著になっています．本書では証明を与えませんが，期待される通り，$n$ を大きくするとき，折れ線は $y = e^x$ のグラフに限りなく近づきます．

$n$ が大きくなると，上で作った折れ線が $y = e^x$ のグラフに近づくという事実の中には，指数関数の重要な性質が隠されています．$h = 1/n$ とおくと，折れ線を形づくる線分 $P_k P_{k+1}$ の傾きは，

$$\frac{y_{k+1} - y_k}{x_{k+1} - x_k} = \frac{(1+h)^{k+1} - (1+h)^k}{(k+1)h - kh}$$
$$= \frac{(1+h)^k(1+h-1)}{h} = (1+h)^k = y_k,$$

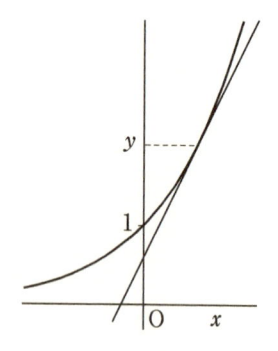

図 5.6　$y = e^x$ 上の点における変化率（傾き）

となります．$P_0$，つまり $x_0 = 0, y_0 = 1$ から出発して，傾き $y_0$ の直線上を横幅 $h$ だけ移動し，その点の $y$ 座標 $y_1 = 1 + h$ を傾きとして $x$ の幅 $h$ だけ移動するという具合に，横幅 $h$ だけ進んだら傾きをその点の $y$ 座標に変えることを繰り返して $P_n$ まで折れ線が作られています．こうして作った折れ線は $y = e^x$ のグラフから少しずつ離れていきますが，$n$ を大きくして，方向転換するまでの横幅 $h$ を小さくすると，$y = e^x$ のグラフに近づいていきます．つまり，指数関数 $y = e^x$ のグラフの上の各点における傾き（変化率）は，$y$ に等しくなっているのです（図 5.6．微分の言葉では，指数関数 $y = e^x$ の微分が $y' = y$ になるということです．）

$a$ を実数の定数とすると，

$$e^{ax} = \lim_{n \to \infty} \left(1 + \frac{ax}{n}\right)^n$$

となります．$0 \leq x \leq 1$ の範囲で上と同様に折れ線を作ってみ

第 5 章　べき乗からオイラーの公式へ

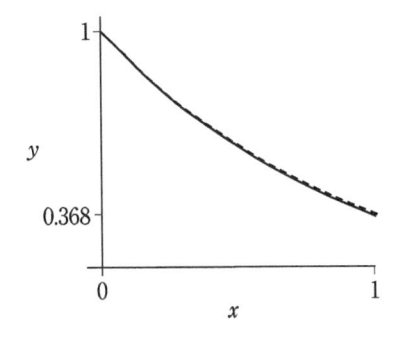

図 5.7　$n = 20$ のときの $y = e^{-x}$ $(0 \leqq x \leqq 1)$ の折れ線近似

ましょう．今度は，折れ線の分点が

$$P_k(kh, (1 + ah)^k) \quad (h = 1/n, k = 0, 1, \cdots, n)$$

となり，線分 $P_k P_{k+1}$ の傾きは，

$$\frac{(1 + ah)^{k+1} - (1 + ah)^k}{(k+1)h - kh} = \frac{(1 + ah)^k ah}{h} = a(1 + ah)^k,$$

つまり $P_k$ の $y$ 座標の $a$ 倍に等しくなっています．$n$ を大きくするとこの折れ線が $y = e^{ax}$ のグラフに近づくことを（証明抜きで認めて）上と同様に解釈すると，指数関数 $y = e^{ax}$ のグラフの上の各点における傾き（変化率）は，$ay$ に等しくなっているということができます．（指数関数 $y = e^{ax}$ の微分が $y' = ay$ になるということです．）図 5.7 に $a = -1$, $n = 20$ とした折れ線を示しました．折れ線（実線）と $y = e^{-x}$ のグラフ（破線）はほぼ重なって見えます．$x = 1$ における値を比べると，$e^{-1}$ の近似値は $2.718^{-1} \fallingdotseq 0.368$, $(1 - 1/20)^{20} \fallingdotseq 0.358$ と誤差が大きいですが，$n = 1000$ にすると $(1 - 1/1000)^{1000} \fallingdotseq 0.368$ とよい近似が得られます．

この節では説明のために $0 \leqq x \leqq 1$ の範囲をとって考えましたが，任意の実数 $b$ に対して，$x=0$ と $x=b$ の間の範囲で $y=e^{ax}$ を近似する折れ線を作ることができます．（ここで考えた折れ線は，微分方程式の近似解法の1つとして知られるオイラー法の適用例になっています．）

数 $1+a/n$ を繰り返し掛けて作った折れ線により，$0 \leqq x \leqq 1$ における指数関数 $y=e^{ax}$ の値が近似されること，そして，$y=e^{ax}$ のグラフ上の各点における傾き（変化率）が $ay$ になっていることを見ました．次の節では，$a$ として虚数 $i$ をとって同様の議論を行うと何が見えてくるかを探ることにします．

## §3 オイラーの公式

この節の目標は，次の有名な等式

---

**オイラーの公式**

$$e^{i\theta} = \cos\theta + i\sin\theta \qquad (\text{つまり } e^{i\theta} = 1\angle\theta)$$

**オイラーの等式**

$$e^{i\pi} = -1$$

---

を理解してもらうことです．$\cos\pi = -1, \sin\pi = 0$ ですから，オイラーの公式において $\theta = \pi$ とするとオイラーの等式になります．また，オイラーの公式において $\theta = \dfrac{\pi}{2}$ とすると，$\cos\dfrac{\pi}{2} = 0, \sin\dfrac{\pi}{2} = 1$ より，

$$e^{\frac{i\pi}{2}} = i$$

第 5 章 べき乗からオイラーの公式へ

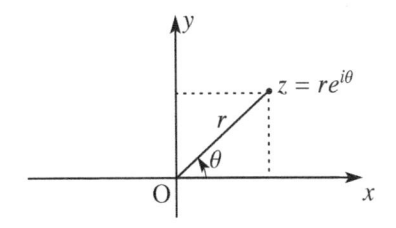

図 5.8 オイラーの公式を用いた複素数の極形式

が得られます．本書では，複素数の極形式を $r\angle\theta$ あるいは $r(\cos\theta + i\sin\theta)$ の形で表してきましたが，オイラーの公式を用いると，絶対値が $r$, 偏角が $\theta$ の複素数を $re^{i\theta}$ と表すことができます（図 5.8）．複素数の極形式としては，この表示もよく使われています．

オイラーの等式は，

$$e^{i\pi} + 1 = 0$$

と書き直すこともできます．数学において基本的で重要な数である $0, 1, i, \pi, e$ を加法，乗法，指数，等号で結ぶ式であり，$0, 1, i$ と加法，乗法，等号は算数・代数学を，$\pi$ は幾何学を，$e$ と指数は解析学（微分積分学）を表していると見ることができます．とても不思議で美しい式として，人々を魅了してきました．

「公式」と「等式」という言葉の使い分けが紛らわしいと感じるかもしれません．オイラーの公式の方は，任意の $\theta$ に対して成立する式，オイラーの等式の方は定数の間の等式という違いが言葉に表れています．英語では，オイラーの等式は "Euler's identity" と呼ばれることが多いようですが，"identity"

は通常「恒等式」と訳される言葉であり,任意の $\theta$ に対して恒等的に成り立つという意味で,オイラーの公式の方を指す言葉のようにも思えます.実際,オイラーの公式を "Euler's identity" と呼ぶ例もあります.オイラーの公式には,"Euler's relation"(オイラーの関係式)という呼び方もあります.結局のところ,はっきりした決まりがある訳ではなく,習慣的な呼び名と理解するのがよいでしょう.

オイラーの名前がついた「公式」と「等式」ですが,最初に見つけたのがオイラーという訳ではないようです.コーツは,オイラーの公式と同等な公式

---

**コーツの公式**

$$\log(\cos\theta + i\sin\theta) = i\theta$$

---

をオイラーに先駆けて発見していました.$e^{i\theta} = \cos\theta + i\sin\theta$ の形で記し,証明を与えたという意味で,オイラーの名前が冠されているのは正当なことといえるようです.

ニーダムは複素関数論のユニークな教科書 "Visual Complex Analysis" (Oxford)[2] において,

> オイラーの公式を説明するためには,まずより基本的な質問 "$e^{i\theta}$ は何を**意味する**のか" について答える必要がある.驚いたことに,多くの著者はこの質問の答えとして,いきなり $e^{i\theta}$ を $(\cos\theta + i\sin\theta)$ と**定義する**としている.この奇策は論理的にはと

---

[2] 邦訳は『ヴィジュアル複素解析』(培風館).

## 第5章 べき乗からオイラーの公式へ

> がめ立てできないが，Euler のもっとも大きな業績
> の一つを単なる同語反復に矮小化してしまうとい
> う意味で，彼に対する冒瀆ともいえるものである．

と述べています．ここではオイラーの公式を解説しようとしており，$e^{i\theta}$ は何を意味するのかに答えないと話が始まらないという点で上のニーダムの考えに賛同します．

前節で与えた $e^x$，あるいは $e^{ax}$（$a$ は実数の定数）の定義にならって，$e^{i\theta}$ を次のように定義します．

---
**$e^{i\theta}$ の定義**

$$e^{i\theta} = \lim_{n\to\infty}\left(1 + \frac{i\theta}{n}\right)^n \quad (\theta \text{ は任意の実数})$$

---

（前の節では実変数を $x$ で表していましたが，ここでは偏角との関係を意識して $\theta$ と書くことにします．）前節で扱った指数関数の折れ線近似との類似性に着目することにより，これが $e$ の虚数乗の定義としてふさわしいことを次の項で見ます．この定義式からオイラーの公式，そしてオイラーの等式が導かれます．（以下で与える「証明」では，考え方を述べることに重点を置き，厳密な議論は一部省略しますが，大学で学ぶ微分積分の標準的な知識を用いれば，補うことはそう難しくありません．）

## ■ オイラーによる証明

上で与えた指数関数の定義式とオイラーの公式

$$e^{i\theta} = \cos\theta + i\sin\theta$$

を結ぶ近道は，オイラーが1748年の著書『無限解析入門』[3]で与えた，ド・モアブルの定理

$$(\cos\theta + i\sin\theta)^n = \cos n\theta + i\sin n\theta$$

を用いる方法です．（オイラーの公式の証明として標準的な，べき級数を用いる方法もオイラーによるものです．こちらは§5で説明します．）

図5.9のように，曲線 $y = \cos x$ と $y = \sin x$ の $x = 0$ における接線は，それぞれ直線 $y = 1$ と $y = x$ になっています．$x$ が0に近いとき，近似式

$$\cos x \fallingdotseq 1,$$
$$\sin x \fallingdotseq x$$

が成り立ち，$x$ が0に近いほど誤差は小さくなっています．これは，図5.9において，$x = 0$ の近くで曲線と接線が寄り添っていることを表しています．2番目の近似式 $\sin x \fallingdotseq x$ は，

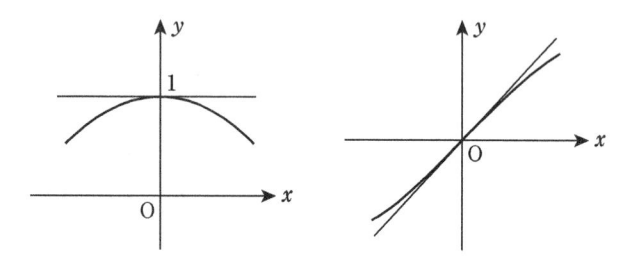

図5.9 $y = \cos x$ と $y = 1$（左）$y = \sin x$ と $y = x$（右）

---
[3]邦訳は『オイラーの無限解析』（海鳴社）．

第5章 べき乗からオイラーの公式へ

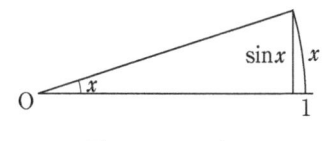

図 5.10 $\sin x$ と $x$

$x > 0$ の場合，図 5.10 のように中心角 $x$ が小さいとき，半径 1 の円弧の長さ $x$ と $\sin x$ が近いことを意味しています．（あるいは，中心角 $2x$ の弧の長さ $2x$ と弦の長さ $2\sin x$ が近いと言うこともできます．）

$n$ が大きいと $\theta/n$ は 0 に近いので，上の近似式を用いて，

$$\left(1 + \frac{i\theta}{n}\right)^n \fallingdotseq \left(\cos\frac{\theta}{n} + i\sin\frac{\theta}{n}\right)^n \qquad (*)$$

が成り立ちます．ド・モアブルの定理より，右辺は $\cos\theta + i\sin\theta$ に等しいので，$n$ が大きいとき，

$$\left(1 + \frac{i\theta}{n}\right)^n \fallingdotseq \cos\theta + i\sin\theta$$

が成り立ちます．$n$ を限りなく大きくすると，左辺は $e^{i\theta}$ に近づき，上の近似式の誤差はゼロに近づきます．したがって，オイラーの公式

$$e^{i\theta} = \cos\theta + i\sin\theta$$

が導かれました．（上の「証明」は，近似式 $\cos x \fallingdotseq 1$, $\sin x \fallingdotseq x$ の誤差をテイラーの定理を用いて調べ，それを用いて $(*)$ の両辺の差がゼロに近づくことを示すことにより正当化されます．詳細は上級者への演習問題とします．$(*)$ の両辺の差は，公式 $a^n - b^n = (a - b)(a^{n-1} + a^{n-2}b + \cdots + b^{n-1})$ と三角不等式を用いて調べるとよいでしょう．）

次の項では，複素数平面の幾何学を用いて，上の証明を見直してみましょう．

## ■ オイラーの等式の証明

$e^{i\theta}$ の定義式で $\theta = \pi$ とすると，

$$e^{i\pi} = \lim_{n \to \infty} \left(1 + \frac{i\pi}{n}\right)^n$$

となります．オイラーの等式はこの値が $-1$ であることを主張するものです．$n$ を大きくしていったときの $(1 + i\pi/n)^n$ の近似値を表 5.2 に示します．これを見ると確かに $n$ を大きくすると，実部は $-1$ に，虚部は $0$ に近づいているようです．

$e^{ax}$ の折れ線近似のときと同様に，複素数 $1 + i\pi/n$ の $n$ 乗だけでなく，掛け合わせる途中の $(1 + i\pi/n)^k$ $(0 \leq k \leq n)$ を複素数平面上で考察してみましょう．自然数 $n$ を固定して，

$$\alpha = 1 + \frac{i\pi}{n}$$

とおきます．複素数の乗法の相似三角形ルール（93 ページ）より，O, 1, $\alpha$ を頂点とする三角形と，O, $\alpha$, $\alpha^2$ を頂点とする

| $n$ | $\left(1 + \frac{i\pi}{n}\right)^n$ |
|---|---|
| 10 | $-1.5934 + 0.15605i$ |
| 100 | $-1.0506 + 0.0010775i$ |
| 1,000 | $-1.0049 + 0.0000029525i$ |
| 10,000 | $-1.0000 - 0.0000073259i$ |

表 5.2 $\left(1 + \frac{i\pi}{n}\right)^n$ の変化

第 5 章 べき乗からオイラーの公式へ

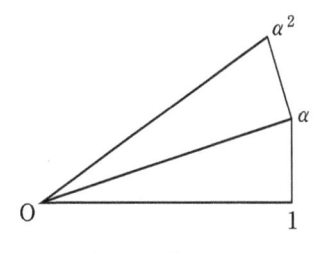

図 5.11 点 1, $\alpha$, $\alpha^2$ ($\alpha = 1 + i\pi/10$)

三角形は相似になっています．（O は複素数平面の原点，つまり 0 に対応する点です．）$n = 10$ の場合を図 5.11 に示します．$\alpha$ の実部は 1 なので，O, 1, $\alpha$ を頂点とする三角形は直角三角形になります．ピタゴラスの定理より，斜辺の長さは

$$|\alpha| = \sqrt{1 + \pi^2/n^2}$$

であり，O, 1, $\alpha$ を頂点とする三角形と，O, $\alpha$, $\alpha^2$ を頂点とする三角形の相似比は $1 : |\alpha|$ になっています．同様に $\alpha^3, \alpha^4, \cdots$ と繰り返していくと，相似な直角三角形が斜辺の上に積み重なっていきます．$n = 10$ として，$1, \alpha, \alpha^2, \cdots, \alpha^{10}$ まで繰り返すと図 5.12 のように，10 個の相似な直角三角形が積み重なって，螺旋状の折れ線ができます．（この図は，前節で $n = 5$, $\alpha = 1+1/5$ として描いた図 5.3 に相当するものです．前節の例では $\alpha^k$ がすべて実数なので，数直線（実軸）上の点の列になっていたのに対して，今の例では複素数平面内の点の列になっています．）

$n = 50$ の場合を図 5.13 に示します．$n$ を大きくすると，$|\alpha| = \sqrt{1 + \pi^2/n^2}$ は 1 に近づき，螺旋状の折れ線は，単位円周からあまり遠ざからないことがわかります．

$\alpha^n$ の偏角は $\pi$ に近づくように見えます．$\alpha$ を掛け合わせる

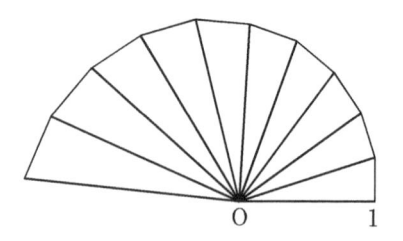

図 5.12　点 $(1 + i\pi/10)^k$ $(0 \leq k \leq 10)$

回数 $n$ も大きくなるので，$|\alpha^n| = |\alpha|^n$ が 1 に限りなく近づくかどうかは明らかではありませんが，これを示すことができます．実際，

$$|\alpha|^n = \left(1 + \frac{\pi^2}{n^2}\right)^{\frac{n}{2}} = \left\{\left(1 + \frac{\pi^2}{n^2}\right)^{n^2}\right\}^{\frac{1}{2n}}$$

と表され，$m = n^2$ とおくと，

$$\left(1 + \frac{\pi^2}{n^2}\right)^{n^2} = \left(1 + \frac{\pi^2}{m}\right)^m$$

は，前節で与えた指数関数の定義より，$n \to \infty$ したがって $m \to \infty$ のとき $e^{\pi^2}$ に近づくので，$|\alpha|^n$ は $(e^{\pi^2})^0 = 1$ に近づくことがわかります．

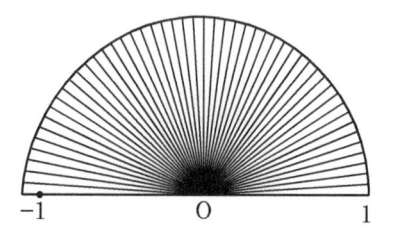

図 5.13　点 $(1 + i\pi/50)^k$ $(0 \leq k \leq 50)$

第5章 べき乗からオイラーの公式へ

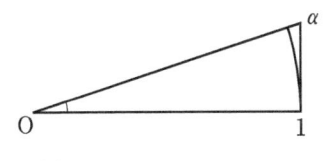

図 5.14　$\arg(1 + i\pi/n) \fallingdotseq \pi/n$

$n$ を大きくすると $\alpha^n$ の偏角が $\pi$ に近づくことは次のように考えるとわかります．$\alpha = 1 + i\pi/n$ の偏角は，図 5.14 のような半径 1 の扇形の弧の長さです．$n$ が大きくなると，これは $\alpha$ と 1 の距離 $\pi/n$ に近づきます．つまり，

$$\arg \alpha \fallingdotseq \frac{\pi}{n}$$

です．したがって，

$$\arg(\alpha^n) = n \arg \alpha \fallingdotseq n \cdot \frac{\pi}{n} = \pi$$

がわかります．$n$ を大きくすると誤差は 0 に近づいて，

$$\lim_{n \to \infty} \arg(\alpha^n) = \pi$$

が成り立ちます．

$n$ を大きくしたとき，$\alpha^n$ の絶対値が 1 に近づき，偏角が $\pi$ に近づくということは，$\alpha^n$ は絶対値が 1 で偏角が $\pi$ の複素数，すなわち $-1$ に近づくことに他なりません．したがって，

$$e^{i\pi} = \lim_{n \to \infty} \alpha^n = \lim_{n \to \infty} \left(1 + \frac{i\pi}{n}\right)^n = -1,$$

つまりオイラーの等式が示されました．

ここで与えた証明は，先に与えたド・モアブルの定理を用いたオイラーの公式の証明と本質的に同じことを幾何学的に述

179

べたものです．ド・モアブルの定理を用いていないように見えるかもしれませんが，第3章で扱った乗法の幾何学的ルールを繰り返し用いた議論は，ド・モアブルの定理を用いたも同然です．オイラーの公式 $e^{i\theta} = \cos\theta + i\sin\theta$ の証明も上のオイラーの等式の証明と同様の形で述べることができます．

## ■ 指数関数とは何か

$$e^{i\theta} = \lim_{n \to \infty} \left(1 + \frac{i\theta}{n}\right)^n$$

により $e^{i\theta}$ を定義して，オイラーの公式とオイラーの等式を示しました．しかし，この定義式が納得できなければ，わかったような気がしないでしょう．

162ページで述べた複利の公式において，元金 $P$ を1，年数 $t$ を1，年間の繰り入れ回数 $m$ を $n$ とすれば，1年後の元利合計は

$$A = \left(1 + \frac{r}{n}\right)^n$$

となります．1期終了時（$1/n$ 年後）に利率 $r/n$ で元金の $r/n$ 倍の利払いを受けて，元金の $1 + r/n$ 倍になります．

$e^{i\theta}$ の定義に現れる

$$\left(1 + \frac{i\theta}{n}\right)^n$$

では，$r$ に当たる部分が純虚数 $i\theta$ に置き換わっています．つまり，1期終了時に元金の $i\theta/n$ 倍の利払いを受けて，元金の $1 + i\theta/n$ 倍を元金に組み入れます．これを $n$ 回繰り返す，つまり $1 + i\theta/n$ を $n$ 回掛け合わせます．このように，利息が純

## 第5章 べき乗からオイラーの公式へ

虚数である複利計算と見ることができますが，これは一体何を意味するのでしょうか．

複利の公式では，元金や利率などがすべて実数なので，元利合計は図 5.3 のように数直線上の点列になっています．一方，「利子」が純虚数の場合，複素数平面内の点列になります．各段階で元金に純虚数の利率を掛けると偏角は $\pi/2$ だけ増えるので，点を結ぶと図 5.11 や図 5.12 のように曲がり角が直角の折れ線になります．

実数の場合には，図 5.4 や図 5.5 のように，点列の値が動く数直線を縦軸，利払いの回数を横軸の区間 $[0, 1]$ の $n$ 等分点上にとって，平面内の折れ線の形で変化を見ました．そして $n$ を大きくすると，折れ線は $0 \leq x \leq 1$ 上で $y = e^x$ に近づくことを見ました．ここで，横軸 $x$ は時刻を，縦軸 $y$ の値は時刻 $x$ における値を表すものと見なすと理解しやすいでしょう．特に重要な性質は，実数の定数 $a$ に対して，曲線 $y = e^{ax}$ 上の点における $y$ の値の変化率，つまり，$x$ を時刻と見るとき数直線上の点 $y$ が移動するスピードが $ay$ に等しいことでした．（微分の言葉を使えば，$y' = ay$ ということです．）

複素数平面内の点列 $(1 + i\pi/n)^k$ $(0 \leq k \leq n)$ に対して，これと同様の考察を行ってみましょう．$0 \leq \theta \leq \pi$ を $n$ 等分して，

$$h = \frac{\pi}{n}, \quad \alpha = 1 + ih$$

とおきます．$\theta$ を時刻と見なし，時刻 $0, h, 2h, \cdots, nh$ における複素数平面上の点の位置がそれぞれ $1, \alpha, \alpha^2, \cdots, \alpha^n$ であると考えます．これらの点を結んだ図が図 5.12（$n = 10$）や図 5.13（$n = 50$）でした．

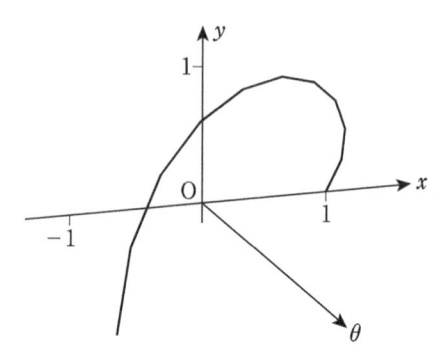

図 5.15　$n = 10$ の場合の空間内の折れ線

実数の場合の図 5.4 と複素数の場合の図 5.12 の違いについて注意しておきます．図 5.4 は，時間軸と点が移動する数直線の 2 つの座標軸を持つ座標平面上に点の移動の時間変化のグラフを描いたものです．一方，図 5.12 は，複素数平面上の点列を結んだもので，時間軸は描かれていません．複素数の場合に時間変化の図を描くためには，実軸と虚軸を持つ複素数平面に時間軸を加えて，3 次元空間内の折れ線を考えなければいけません．$n = 10$ の場合の点 $(hk, \alpha^k)$ $(0 \leq k \leq n)$ を結ぶ空間内の折れ線を図 5.15 に示します（右手前方向に向かっているのが時間軸）．

複素数平面上の点の時間変化の割合は，

$$\frac{\alpha^{k+1} - \alpha^k}{(k+1)h - kh} = \frac{\alpha^k(1 + ih - 1)}{h} = i\alpha^k,$$

つまり複素数平面上の点の位置 $\alpha^k$ の $i$ 倍に等しくなっています．$n$ を大きくすると折れ曲がる時間間隔が短くなって，折れ線は空間内のある曲線に近づいていきます．この曲線を $z = e^{i\theta}$ と定義したのです．この曲線上の各点における変化

第 5 章 べき乗からオイラーの公式へ

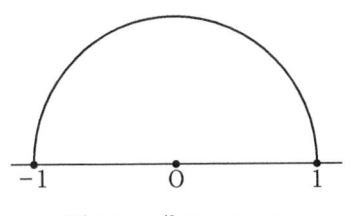

図 5.16　$e^{i\theta}$ $(0 \leq \theta \leq \pi)$

率は $iz$ に等しくなっています．（微分の言葉を使えば，$z = e^{i\theta}$ が $z' = iz$ を満たしているということができます．）各点 $z$ における変化率は，$z$ を $\pi/2$ 回転した $iz$ になっています．これは，実数の範囲の指数関数 $y = e^{ax}$（$a$ は実数）の変化率が $ay$ であることと同じく，指数関数 $e^{i\theta}$ を特徴づける著しい性質です．$e^{i\theta}$ を $(1 + i\theta/n)^n$ の極限として定義することの意味を理解してもらえたでしょうか．

時間軸をとらず複素数平面内の点の軌跡を考えれば，$e^{i\theta}$ $(0 \leq \theta \leq \pi)$ は，図 5.16 のように原点を中心として等速で回転して 1 から $-1$ に至る複素数平面内の半円になります．$z = e^{i\theta}$ における変化率が $\pi/2$ 回転した $iz$ であることは，原点と円周上の点 $z$ を結ぶ半径と $z$ における円の接線が垂直であるという円の性質に対応しています．また，変化率 $iz$ の絶対値 $|iz| = |e^{i\theta}|$ が 1 であることは，$e^{i\theta}$ が単位円周上を一定の速さ 1 で動くことを意味しています．この半円は，$n = 10$（図 5.12），$n = 50$（図 5.13）のように $n$ を大きくしていった折れ線の極限として得られているのです．$0 \leq \theta \leq 2\pi$ の範囲で考えれば，$e^{i\theta}$ は単位円周上をちょうど 1 周して $e^{2i\pi} = 1$ に戻ってきます．一般角 $\theta$ に対しても同様で，$\theta$ を変化させると $e^{i\theta}$ は複素数平面

183

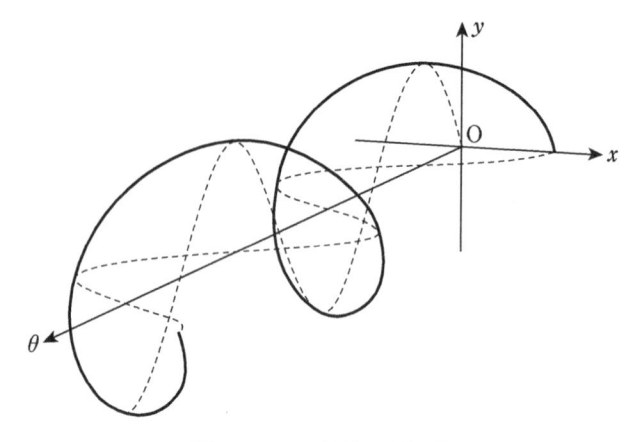

図 5.17　$\theta xy$ 空間の曲線 $e^{i\theta}$

の単位円周に巻きついていきます．

　時間軸もとって，複素数平面上の点の動きを空間の曲線として表すこともできます．$0 \leq \theta \leq 4\pi$ の範囲で空間の曲線 $z = e^{i\theta}$ を描くと図 5.17 のようになります（左手前方向に伸びているのが $\theta$ 軸）．$z = e^{i\theta}$ は，半径 1 の円筒に巻きつく螺旋状の曲線になっており，これを $\theta$ 軸方向から見ると複素数平面内の単位円になります．また，この空間曲線に沿った $z = e^{i\theta}$ の実部と虚部の変化を破線（$\theta x$ 平面，$\theta y$ 平面内の曲線）で示してあります．これらの曲線は，コサイン・カーブとサイン・カーブになっていることが観察できます．これがオイラーの公式が意味することなのです．

## §4 指数関数と三角関数

オイラーの公式 $e^{i\theta} = \cos\theta + i\sin\theta$ より，複素数の極形式は，

$$z = r\angle\theta = re^{i\theta}$$

と表され，91ページの関係式

$$(1\angle\theta_1)(1\angle\theta_2) = 1\angle(\theta_1 + \theta_2)$$

およびド・モアブルの定理

$$(1\angle\theta)^n = 1\angle(n\theta) \quad (n \text{ は任意の整数})$$

は，次のように書き表すことができます．

---
$$e^{i\theta_1} e^{i\theta_2} = e^{i(\theta_1+\theta_2)},$$
$$(e^{i\theta})^n = e^{in\theta} \quad (n \text{ は任意の整数}).$$
---

これらの等式は，指数法則と見なすことができます．1番目の等式は，オイラーの公式を通して，三角関数の加法定理（99ページ）と同値になっています．

オイラーの公式 $e^{i\theta} = \cos\theta + i\sin\theta$ において $\theta$ を $-\theta$ に変えれば，

$$e^{-i\theta} = \cos(-\theta) + i\sin(-\theta) = \cos\theta - i\sin\theta$$

となります．（オイラーの公式は，$e^{i\theta}$ が絶対値1，偏角 $\theta$ の複素数であることを意味していますから，オイラーの公式の複素共役をとった等式 $\overline{e^{i\theta}} = e^{-i\theta}$ を書いたと言っても同じことで

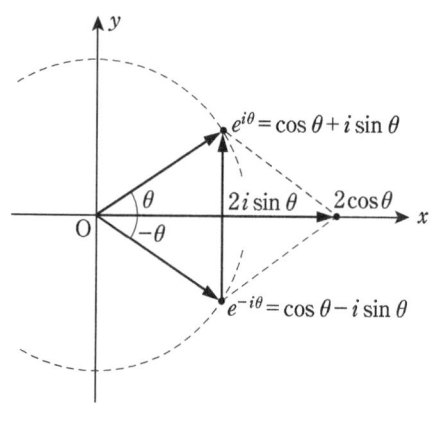

図 5.18　$e^{i\theta}$ と $e^{-i\theta}$ の和と差

す.）上の 2 つの式の和と差をとると，

$$e^{i\theta} + e^{-i\theta} = \cos\theta + i\sin\theta + \cos\theta - i\sin\theta = 2\cos\theta,$$
$$e^{i\theta} - e^{-i\theta} = \cos\theta + i\sin\theta - (\cos\theta - i\sin\theta) = 2i\sin\theta$$

となります．これは図 5.18 のように有向線分（ベクトル）の和と差として理解することができます．これらの式から，$\cos\theta$ と $\sin\theta$ を $e$ の虚数べきで表す式が得られます．

---

**三角関数の指数関数による表示**

$$\cos\theta = \frac{e^{i\theta} + e^{-i\theta}}{2},$$
$$\sin\theta = \frac{e^{i\theta} - e^{-i\theta}}{2i}$$

---

これらの等式はオイラーの公式が姿を変えたものです．複素数平面の上では，$e^{i\theta}$ と $e^{-i\theta}$ の中点は $\cos\theta$，$e^{i\theta}$ と $-e^{-i\theta}$ の中

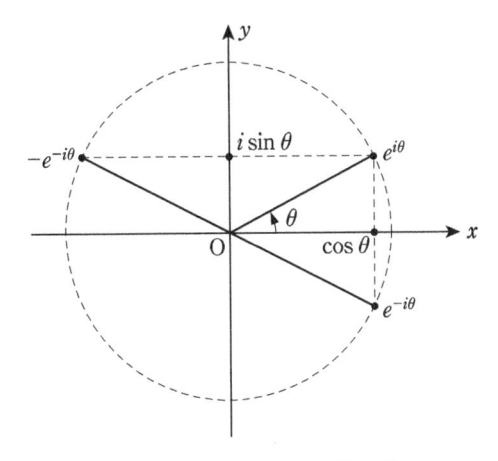

図 5.19 $\cos\theta, \sin\theta$ と $e^{i\theta}, e^{-i\theta}$

点は $i\sin\theta$ であることを意味しています（図 5.19）．逆にこれら 2 つの式を用いて $\cos\theta + i\sin\theta$ を計算すると，

$$\cos\theta + i\sin\theta = \frac{e^{i\theta} + e^{-i\theta}}{2} + i\cdot\frac{e^{i\theta} - e^{-i\theta}}{2i} = e^{i\theta},$$

つまり，オイラーの公式が得られます．

## §5 べき級数を用いたオイラーの公式の証明

ド・モアブルの定理を用いたオイラーの公式の証明を与えましたが，この節では，紹介されることの多い，べき級数を用いたオイラーの公式の証明を与えます．オイラーの公式に現れる指数，正弦，余弦関数のべき級数展開を認めれば，オイラーの公式はその間の関係式として明快なものです．（この「認めれば」という部分が曲者ではありますが．）3 つのべき級

187

数展開の導出について本書では解説しませんが、ここでは登場する数式を見ておく程度のつもりで読んで下さい．（大学理工系初年級程度の微分積分を学んだことのある読者は，勉強したことを思い出して，理解を試みてもらいたいと思います．）

すべての実数 $x$ に対して，べき級数展開

$$e^x = 1 + x + \frac{x^2}{2!} + \frac{x^3}{3!} + \frac{x^4}{4!} + \cdots,$$

$$\cos x = 1 - \frac{x^2}{2!} + \frac{x^4}{4!} - \cdots,$$

$$\sin x = x - \frac{x^3}{3!} + \frac{x^5}{5!} - \cdots$$

が成り立ちます．ここで，$n!$ は 1 から $n$ までの自然数の積 $1 \cdot 2 \cdot 3 \cdots n$ を表します．また，右辺の $\cdots$ は和（や差）が無限に続くことを意味しています．右辺の規則性はわかるでしょうか．$e^x$ のべき級数展開では $+x^4/4!$ の次に来るのは $+x^5/5!$，$\cos x$ のべき級数展開では $+x^4/4!$ の次に来るのは $-x^6/6!$，$\sin x$ のべき級数展開では $+x^5/5!$ の次に来るのは $-x^7/7!$ です．これらのべき級数展開は 17 世紀後半には知られていました．$e^x$ のべき級数展開を最初に導いたのは，ニュートンです．また，$\cos x, \sin x$ のべき級数展開は，ニュートンやスコットランドの数学者グレゴリーによって知られていました．これらは，理工系の大学 1 年生の微分積分の授業でテイラー展開（あるいはマクローリン展開）の例として学びます．高校までの数学には現れない重要事項ですが，初学者はなかなかピンとこないようです．（上の $e^x$ の式は，我々の指数関数の定義

$$e^x = \lim_{n \to \infty} \left(1 + \frac{x}{n}\right)^n$$

## 第5章 べき乗からオイラーの公式へ

において,右辺の $n$ 乗を二項定理を用いて展開して,$n \to \infty$ の極限をとることにより導くこともできます.)

$e^x$ のべき級数展開において $x$ を $ix$ に置き換えて,$i^2 = -1, i^3 = -i$ などを用いて,右辺を実部と虚部に分けると,上の $\cos x$ と $\sin x$ のべき級数展開より,

$$\begin{aligned} e^{ix} &= 1 + ix + \frac{(ix)^2}{2!} + \frac{(ix)^3}{3!} + \frac{(ix)^4}{4!} + \frac{(ix)^5}{5!} + \cdots \\ &= \left(1 - \frac{x^2}{2!} + \frac{x^4}{4!} - \cdots\right) + i\left(x - \frac{x^3}{3!} + \frac{x^5}{5!} - \cdots\right) \\ &= \cos x + i \sin x \end{aligned}$$

となり,オイラーの公式 $e^{ix} = \cos x + i \sin x$ が証明されました.

$e^x, \sin x, \cos x$ のべき級数展開を既知として認めれば非常に手短な議論ですが,果たして納得できたでしょうか?

### ■「証明」の反省

上の「証明」について,2つのコメントを紹介しましょう.

物理学者の朝永振一郎(1906〜1979)は,エッセイ「数学がわかるというのはどういうことであるか」[4]において,べき級数を用いたオイラーの公式の証明について次のように記しています.

> 幾何学的に定義された三角関数というものが、指数関数という解析的なものと結びつくということは何とも驚異であったが、それだけにまたその意味が理解できない。証明はベキ級数を使ってやれ

---
[4] 『科学者の自由な楽園』(岩波文庫)所収.

> ばいかにも簡単明瞭疑う余地はないが、何かごま
> かされたみたいで、あと味が悪い。(中略)
> 虚数ベキの定義になると、まだどこでも習ったこと
> はない。その習っていないものがいきなり式の左
> 辺に出現したのだから理解できないのは当然であ
> る。そういうことに気がついた。こう気がつくと、
> この定理の意味は一目瞭然となった。つまり、こ
> れはむしろ虚数ベキの定義そのものなのであると。

また，数学者の竹内端三（1887～1945）は複素関数論の教科書『函数概論』（共立出版）において，

> ただし，ここで忘れてはならないたいせつなこと
> は，いま行ったのは実数の場合において証明され
> た式に，そのまま断りなく複素数を代入して計算
> しているということである．そのようなことをし
> てよいか悪いかまだわからないのであるから，わ
> れわれはいま求めた(1)（オイラーの公式のこと：
> 著者註）が<u>真である</u>と主張することはできない．
> ただ器械的に公式を使用してみると，このように
> なるというだけのことである．ところが $e^z$ とい
> うものは，実はまだ定義されていないのであるから，
> もしその意味をこれから新たに定めるならば，
> ちょうどいま求めた(1)をそのまま定義とするの
> が最も便利であろう．

と述べています。

## 第5章 べき乗からオイラーの公式へ

　指数関数 $e^x$ のべき級数展開の $x$ を $ix$ で置き換えた式を $e^{ix}$ の定義とすれば，オイラーの公式が証明されます．一方で，まったく同じ議論を，実数の範囲で確立されている $e^x$ のべき級数展開を手掛かりにして $e$ の虚数べき $e^{ix}$ が何であるかを探る試みであると捉えれば，発見したオイラーの公式

$$e^{ix} = \cos x + i \sin x \quad (x \text{ は実数})$$

をそのまま定義とするという立場もあります．（§3で与えたオイラーの公式の「証明」も後者のように発見的考察と捉える見方もできます．）

　§3で

$$e^{ix} = \lim_{n \to \infty} \left(1 + \frac{ix}{n}\right)^n$$

を $e$ の虚数べき $e^{ix}$ の定義として，オイラーの公式を示しました．（上の話に合わせて，§3で $\theta$ としていた変数を $x$ と書いています．）この続きとしてさらに次のように話を進めることができます．$e^{ix}$ の定義式の右辺の $n$ 乗を二項定理を用いて展開して $n \to \infty$ の極限をとると，

$$e^{ix} = 1 + ix + \frac{(ix)^2}{2!} + \frac{(ix)^3}{3!} + \cdots \quad (x \text{ は任意の実数})$$

を示すことができます．両辺の実部と虚部をとると，オイラーの公式より，$\cos x$ と $\sin x$ のべき級数展開が得られます．これらは，この節の冒頭のべき級数を使ったオイラーの公式の証明に使った式ですが，逆にこれらの式に戻るルートもあるのです．

　高校までの学校数学は，学習内容や道筋が統一的に決められていますが，そのような制約がない高等数学においては，同

じテーマを扱う教科書や論文において，同等な条件のうちどれを定義として採用するか，用語の選択，議論の道筋が著者によって違うということがしばしばあります．172ページで引用したように，ニーダムはオイラーの公式を定義とすることに反対していますが，数学の風景の中を進むルートは1つではなく，数学の名所旧跡の1つであるオイラーの公式が出発点であっても到達点であっても（あるいは通過点であっても），その道のりが実りあるものであればよいと思います．ただし，堂々巡りや自己矛盾に陥らないためには，採用している定義や話の道筋をはっきりさせることが大切です．数学における定義の重要性は，ニーダム，朝永振一郎，竹内端三の見解に共通しているポイントです．

## §6 オイラーの公式の奇妙な仲間たち

複素数の指数や対数について，オイラーの公式から得られる奇妙な数式をいくつか挙げておきます．（これらの数式は，元々は，オイラーの公式を使わずに別の方法で得られていたものですが．）数式の意味や式変形の正当性について踏み込んだ議論は省略します．

### ■ $i^i = e^{-\frac{\pi}{2}}$

オイラーの公式と指数法則を使うと，

$$i^i = (e^{\frac{i\pi}{2}})^i = e^{\frac{i\pi}{2}i} = e^{-\frac{\pi}{2}}$$

## 第5章 べき乗からオイラーの公式へ

という驚くべき等式が得られます．ここで虚数の虚数乗をどう定義するか，指数法則が成り立つかどうかは問題です．

正確には，虚数の虚数べき $i^i$ は $i^i = e^{i\log i}$ により定義されます．後で述べるように，複素数の対数は無限個の値をとり，

$$\log i = \frac{i\pi}{2} + 2in\pi \quad (n \text{ は整数})$$

です．したがって，

$$i^i = e^{i\log i} = e^{-\frac{\pi}{2} - 2n\pi} \quad (n \text{ は任意の整数})$$

という無限通りの値をとり，$e^{-\frac{\pi}{2}}$ は $n = 0$ として得られる値になっています．

## ■ $\log(-1) = i\pi$

指数と対数は互いに逆の関係にあります．（$e$ を底とする対数は $\log_e$ と書く代わりに底を省略して $\log$ と書く習慣になっています．）

$$w = e^z \iff z = \log w$$

$z$ が実数のとき $w = e^z > 0$ ですから，実数の範囲では，対数は正の数に対してだけ考えることになります．高校数学や実数の範囲の微分積分では，対数関数 $\log x$ において $x > 0$ であることに常に注意を払わなければならないと習います．

今，実数の範囲にこだわらず，指数と対数が逆ということにだけ注目してオイラーの等式 $e^{i\pi} = -1$ を書き直すと，

$$\log(-1) = i\pi$$

が得られます．この式は負の数の対数は虚数であるという驚くべき事実を述べています．

一方で，$(-1)^2 = 1$ の両辺の対数をとって，負の数の対数であることを気にせずに対数の計算規則を当てはめると，

$$2\log(-1) = \log(-1)^2 = \log 1 = 0,$$

つまり $\log(-1) = 0$ という，$\log(-1) = i\pi$ と矛盾する式が得られます．負の数や虚数の対数を考えようとすると出会う様々な矛盾は，ライプニッツとオイラーの先生であるヨハン・ベルヌーイの間に論争を巻き起こしました．そして，オイラーは対数関数を複素数に拡げる過程で無限の値をとるという洞察に到達し，上に挙げたような矛盾を解消しました．

偏角の定義より，複素数の偏角 $\theta$ を $2\pi i$ の整数倍を加えたものに変えても複素数は変わりません．したがって，絶対値が 1 の複素数に対して，

$$1\angle(\theta + 2n\pi) = 1\angle\theta \quad (\text{$n$ は任意の整数})$$

が成り立ちます．オイラーの公式 $e^{i\theta} = 1\angle\theta$ より，

$$e^{i(\theta+2n\pi)} = e^{i\theta} \quad (\text{$n$ は任意の整数})$$

となることがわかります．したがって，絶対値が 1 の複素数 $z$ に対して，$z = e^{i\theta}$ となる $i\theta$ を $i\theta = \log z$ と定めると，互いに $2\pi i$ の整数倍の差をもつ無限個の値があります．つまり，$z = e^{i\theta}$ の対数は，

$$\log e^{i\theta} = i(\theta + 2n\pi) \quad (\text{$n$ は任意の整数})$$

となります．またこれに合わせて修正したコーツの公式は，

> **コーツの公式**
>
> $$\log(\cos\theta + i\sin\theta) = i(\theta + 2n\pi) \quad (n \text{ は任意の整数})$$

となります．したがって，この節で考えた $\log(-1)$ の正確な答えは，次で与えられます．

$$\log(-1) = \log e^{i\pi} = i(\pi + 2n\pi) \quad (n \text{ は任意の整数})$$

一般に，ゼロでない任意の複素数 $z$ の極形式を $z = re^{i\theta}$ とするとき，

$$\log z = \log(re^{i\theta}) = \log r + i(\theta + 2n\pi) \quad (n \text{ は整数})$$

と定めます．このように値が1つに決まらない「関数」を多価関数といいます．通常は関数といえば値が1つに決まる1価関数を指しますが，複素数を変数とする対数関数は無限個の値をとる多価関数になります．先に挙げた $\log(-1) = i\pi$ は無限個の値のうちの1つを取り出しているという意味で「正しい」式ですが，$\log(-1) = 0$ の方は対数関数の多価性を考慮していないため誤りを犯したということになります．

## ■ $\dfrac{\log i}{i} = \dfrac{\pi}{2}$

オイラーの公式より $i = e^{\frac{i\pi}{2}}$ が成り立ちます．上で述べた虚数の対数の定義により，

$$\log i = i\left(\frac{\pi}{2} + 2n\pi\right) \quad (n \text{ は整数})$$

となります．$n=0$ として 1 つの値を取り出せば，

$$\log i = \frac{i\pi}{2},$$

つまり

$$\frac{\log i}{i} = \frac{\pi}{2}$$

が得られます．この等式は，元々はヨハン・ベルヌーイによる積分の計算から導かれたものです．

# 第6章　複素数の応用

> 実数の領域における2つの真実を結ぶ最も容易な
> 近道は複素数の領域を経由することがよくある
>
> アダマール[1]

複素数は，現代数学，そして物理学や工学において欠かせない存在となっています．この章では，複素数がどのように応用されているかの一端を紹介します．

## §1　複素数と平面幾何

第3章で扱った複素数平面を用いて，平面上の図形を複素数を用いて表すことができます．複素数の加法と実数倍は，平面ベクトルと同等です．さらに，複素数の絶対値と偏角に着目して乗法の幾何学的ルール（90ページ）を用いて角や回転を扱うことができます．これが，複素数を用いて平面幾何の問題を扱う方法の特徴になっています．

### ■ 長さと角

複素数 $\alpha = a + bi$ を座標平面上の点 $(a, b)$ と対応させて，複素数を平面上の点と見なすのが複素数平面の考え方でした．

---
[1] アダマール（1865～1963）はフランスの数学者．

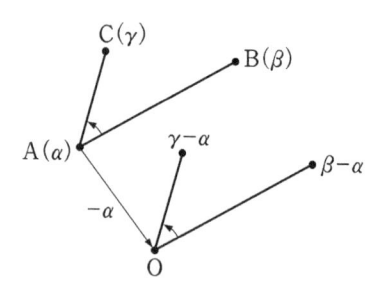

図 6.1　$\alpha, \beta, \gamma$ を $-\alpha$ だけ平行移動

平面上の点の位置関係は，長さ（距離）と角（方角）で表されますが，これらは複素数の絶対値と偏角を用いて記述することができます．これを利用して，複素数を用いて平面図形の問題を解いたり証明したりすることができます．

平面上の点 A, B, C がそれぞれ複素数 $\alpha, \beta, \gamma$ で表されているとします．点 A と B の距離（つまり線分 AB の長さ）と ∠BAC は，次で与えられます．

---

**複素数による長さと角**（図 6.1）

点 A, B, C $\longleftrightarrow$ 複素数 $\alpha, \beta, \gamma$

$\quad$ AB $= |\beta - \alpha|$　（線分 AB の長さ）

$\quad$ ∠BAC $= \arg \dfrac{\gamma - \alpha}{\beta - \alpha}$　（B から C へ反時計回りの角）

---

実際，$\alpha, \beta, \gamma$ に $-\alpha$ を足して平行移動すると，$0, \beta - \alpha, \gamma - \alpha$ に移り，線分 AB の長さは，0 と $\beta - \alpha$ の距離，つまり $|\beta - \alpha|$

第 6 章　複素数の応用

になります．また，

$$\angle BAC = \arg(\gamma - \alpha) - \arg(\beta - \alpha) = \arg\frac{\gamma - \alpha}{\beta - \alpha}$$

です．ここで，複素数の偏角の差として角を表し，複素数 $z_1, z_2$ の偏角の差は $z_1/z_2$ の偏角に等しいことを使いました．

三角形の内角の和が $180° = \pi$ であることを示してみましょう．三角形 ABC の内角の和は，

$$\begin{aligned}
&\angle BAC + \angle ACB + \angle CBA \\
&= \arg\frac{\gamma - \alpha}{\beta - \alpha} + \arg\frac{\beta - \gamma}{\alpha - \gamma} + \arg\frac{\alpha - \beta}{\gamma - \beta} \\
&= \arg\frac{(\gamma - \alpha)(\beta - \gamma)(\alpha - \beta)}{(\beta - \alpha)(\alpha - \gamma)(\gamma - \beta)} \\
&= \arg(-1) = \pi
\end{aligned}$$

となります．ここで，複素数 $z_1, z_2$ の偏角の和は $z_1 z_2$ の偏角に等しいことを使いました．以上により，複素数を用いて，三角形の内角の和は $180°$ というよく知られている事実が導かれました．

第 3 章で述べたように，複素数の割り算では，絶対値は割り算，偏角は引き算になっています．これを用いて，次を示すことができます．

複素数 $\alpha, \beta, \gamma$ が正三角形の頂点

$$\iff \alpha^2 + \beta^2 + \gamma^2 - \alpha\beta - \beta\gamma - \gamma\alpha = 0$$

$\alpha, \beta, \gamma$ に対応する点をそれぞれ A, B, C とします.

$$\begin{aligned}
\triangle\text{ABC が正三角形} &\iff \triangle\text{ABC} \sim \triangle\text{BCA} \\
&\iff \frac{\text{AC}}{\text{AB}} = \frac{\text{BA}}{\text{BC}},\ \angle\text{BAC} = \angle\text{CBA} \\
&\iff \frac{\gamma - \alpha}{\beta - \alpha} = \frac{\alpha - \beta}{\gamma - \beta}.
\end{aligned}$$

最後の等式の分母を払って移項すると,

$$(\gamma - \alpha)(\gamma - \beta) + (\alpha - \beta)^2 = 0,$$

展開すると, $\alpha^2 + \beta^2 + \gamma^2 - \alpha\beta - \beta\gamma - \gamma\alpha = 0$ が得られます.

## ■ 直線と円

複素数平面上の直線や円を複素数に関する方程式で表すことができます.

複素数平面上の異なる点 $\alpha, \beta$ を通る直線上に複素数 $z$ があるための条件は,

$$\arg \frac{z - \alpha}{\beta - \alpha} = 0\ \text{または}\ \pi,$$

つまり, $\dfrac{z - \alpha}{\beta - \alpha}$ が実数であることです. 複素数が実数であるのは, 複素共役をとっても変わらないときですから,

$$\frac{z - \alpha}{\beta - \alpha} = \overline{\left(\frac{z - \alpha}{\beta - \alpha}\right)} = \frac{\bar{z} - \bar{\alpha}}{\bar{\beta} - \bar{\alpha}},$$

分母を払って移項すると, 次が得られます.

第 6 章　複素数の応用

> **複素数 $\alpha, \beta$ $(\alpha \neq \beta)$ を通る直線の方程式**
>
> $$(\bar{\alpha} - \bar{\beta})z - (\alpha - \beta)\bar{z} + \alpha\bar{\beta} - \bar{\alpha}\beta = 0$$

　点 $\alpha$ を中心とし，半径が $r$ の円周上に $z$ があるための条件は，$|z - \alpha| = r$ となることです．両辺を 2 乗して変形すると次が得られます．

> **$\alpha$ を中心とする半径 $r$ の円の方程式**
>
> $$(z - \alpha)(\bar{z} - \bar{\alpha}) = r^2$$

## ■ トレミーの定理

　初等幾何学の様々な定理を複素数を用いて証明することができます．一例として，トレミーの定理の証明を紹介します．複素数を使うと，トレミーの定理とオイラーによるその逆が同時に証明できてしまいます．

　トレミー（紀元 90 年頃〜168 年頃）は，ローマ帝国統治下のエジプトの数学者・天文学者で，以下に述べる幾何学の定理の他，三角法，天動説に基づく天文学の業績で知られています．英語読みではトレミーですが，プトレマイオスと呼ばれることもあります．トレミーは天文学の研究のため，以下に述べる定理を用いて，度数法で 0.5° 刻みの中心角に対する弦の長さの精密な表（三角関数表に相当する）を著書で与えました．

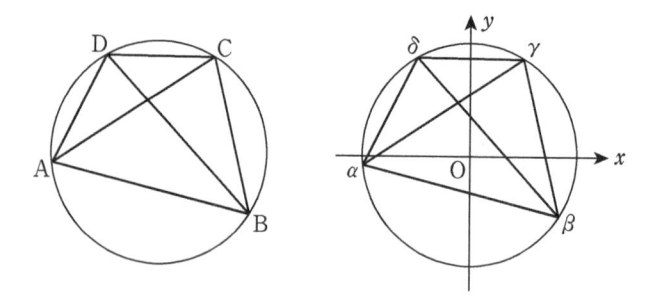

図 6.2　トレミーの定理　$AB \cdot CD + AD \cdot BC = AC \cdot BD$

> **トレミーの定理**
>
> 円に内接する四角形について，向かい合う辺の積の和は対角線の積に等しい．
>
> つまり，円に内接する四角形の頂点を順に A, B, C, D とするとき，
>
> $$AB \cdot CD + AD \cdot BC = AC \cdot BD$$
>
> が成り立つ（図 6.2 の左図）．

図 6.2 の右図のように円の中心を複素数平面の原点とし，頂点 A, B, C, D に対応する複素数をそれぞれ $\alpha, \beta, \gamma, \delta$ とすると，$AB = |\alpha - \beta|$, $CD = |\gamma - \delta|$, $AD = |\alpha - \delta|$, $BC = |\beta - \gamma|$ より，トレミーの定理は，複素数を用いて

$$|\alpha - \beta||\gamma - \delta| + |\alpha - \delta||\beta - \gamma| = |\alpha - \gamma||\beta - \delta|$$

と表されます.さらに,$|z||w| = |zw|$ より,上の等式は,

$$|(\alpha-\beta)(\gamma-\delta)| + |(\alpha-\delta)(\beta-\gamma)| = |(\alpha-\gamma)(\beta-\delta)|$$

と同値になります.ここで,左辺の絶対値を取り払った式を考え,展開してまとめると,

$$(\alpha-\beta)(\gamma-\delta) + (\alpha-\delta)(\beta-\gamma)$$
$$= \alpha\beta - \alpha\delta - \beta\gamma + \gamma\delta$$
$$= (\alpha-\gamma)(\beta-\delta)$$

となり,右辺から絶対値を取り払った式になります.つまり,

$$(\alpha-\beta)(\gamma-\delta) + (\alpha-\delta)(\beta-\gamma) = (\alpha-\gamma)(\beta-\delta)$$

は,任意の複素数 $\alpha, \beta, \gamma, \delta$ に対して成り立つ恒等式です.三角不等式 $|z_1| + |z_2| \geqq |z_1 + z_2|$ を上の恒等式に適用すると,次の不等式が得られます.

$$|(\alpha-\beta)(\gamma-\delta)| + |(\alpha-\delta)(\beta-\gamma)| \geqq |(\alpha-\gamma)(\beta-\delta)|.$$

この不等式をトレミーの不等式と呼びます.これは次のように表すこともできます.

> **トレミーの不等式**
> 平面上の任意の4点 A, B, C, D に対して
>
> $$AB \cdot CD + AD \cdot BC \geqq AC \cdot BD$$

トレミーの不等式において等号が成り立つのは,ABCD がこ

の順に円に内接する四角形の頂点のとき，つまりトレミーの定理の図 6.2 かその裏返しの場合と，4 点が 1 直線上にある順に並んでいる場合に限ります．トレミーの不等式とその等号成立条件を証明したのはオイラーです．

トレミーの不等式において等号が成立するための条件は，三角不等式の等号成立条件から求めることができます．三角不等式 $|z_1|+|z_2| \geq |z_1+z_2|$ において $z_1$ も $z_2$ もゼロでなく，しかも等号が成立するのは，$\frac{z_1}{z_2}$ が正の実数のとき，そしてそのときに限ります（79 ページ）．$z_1 = (\alpha-\beta)(\gamma-\delta), z_2 = (\alpha-\delta)(\beta-\gamma)$ として三角不等式を適用してトレミーの不等式を導いたことを思い出すと，

$$-\frac{z_1}{z_2} = -\frac{(\alpha-\beta)(\gamma-\delta)}{(\alpha-\delta)(\beta-\gamma)} = \frac{\alpha-\beta}{\gamma-\beta} \cdot \frac{\gamma-\delta}{\alpha-\delta}$$

が負の実数であることが，トレミーの不等式において等号が成立するための条件です．これは，偏角

$$\arg\left(\frac{\alpha-\beta}{\gamma-\beta} \cdot \frac{\gamma-\delta}{\alpha-\delta}\right) = \arg\frac{\alpha-\beta}{\gamma-\beta} + \arg\frac{\gamma-\delta}{\alpha-\delta}$$

$$= \angle CBA + \angle ADC$$

が $\pi$ または $-\pi$ のときです．円周角の定理（図 6.3）より，トレミーの不等式において等号が成立するのは，$\alpha, \beta, \gamma, \delta$ が同一円周上にこの順に反時計回りまたは時計回りに並んでいる場合，つまり図 6.2 またはその裏返しに当たります．したがって，トレミーの定理およびその逆（トレミーの不等式の等号成立条件）が示されました．

上の証明で円周角の性質を使いました．これも複素数を用いて証明することができます．詳細は読者に任せます．

第 6 章 複素数の応用

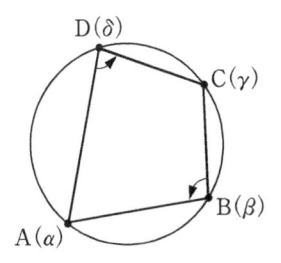

図 6.3 四角形が円に内接 $\iff$ 相対する内角の和が $\pi$

異なる 4 点 $\alpha, \beta, \gamma, \delta$ が 1 直線上にあるとき，トレミーの不等式において等号が成立するための条件は，4 点を含む線分の両端を閉じて円を作ったとき，$\alpha, \beta, \gamma, \delta$ が順に並んでいることです．このことの確認は読者に任せます．

## ■ フラクタル幾何学

20 世紀の数学者，マンデルブローは 1970 年代に「フラクタル幾何学」を提唱しました．フラクタル図形には，複素数平面の変換により与えられるものが多数あります．図 6.4 は，複素数の 2 次関数 $f(z) = z^2 + c$ に関連して得られるマンデルブロー集合と呼ばれる図形をコンピューターで近似的に描いたものです．マンデルブロー集合の周囲は複雑に入り組んだ形をしていますが，部分と全体が似ているという自己相似と呼ばれる性質を持っています．フラクタル幾何学は，理論面と自然の造形の理解の両面で現在も研究が続いています．

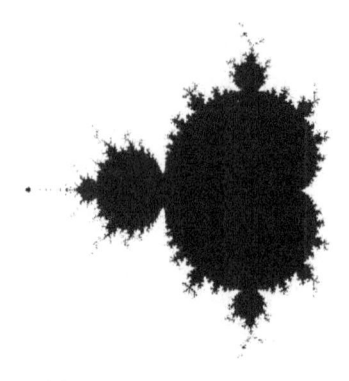

図 6.4 マンデルブロー集合

## §2 複素数と三角関数

指数関数と三角関数を結ぶオイラーの公式

$$e^{i\theta} = \cos\theta + i\sin\theta$$

を用いると,三角関数の加法定理

$$\cos(\theta_1 + \theta_2) = \cos\theta_1 \cos\theta_2 - \sin\theta_1 \sin\theta_2$$

$$\sin(\theta_1 + \theta_2) = \sin\theta_1 \cos\theta_2 + \cos\theta_1 \sin\theta_2$$

は,

$$e^{i(\theta_1+\theta_2)} = e^{i\theta_1} e^{i\theta_2}$$

という簡単な形にまとめることができます. また,

$$|e^{i\theta}|^2 = (\cos\theta + i\sin\theta)(\cos\theta - i\sin\theta) = \cos^2\theta + \sin^2\theta$$

なので,三角関数の関係式

$$\cos^2\theta + \sin^2\theta = 1$$

は，

$$|e^{i\theta}| = 1$$

と同等です．いずれも $e^{i\theta}$ を使う方が，式の形が簡単になっています．三角関数を含む面倒な計算をする際に，オイラーの公式を使って指数関数の計算に持ち込むと計算が非常に簡単になります．計算面だけでなく理論面でも，オイラーの公式を使うと便利なことがしばしばあります．

オイラーの公式が三角関数の計算に役立つことをいくつかの例で見てみましょう．

## ■ 三角関数の和

既に見たように，サインとコサインの加法定理とド・モアブルの定理は，それぞれ $e^{i\theta_1}e^{i\theta_2} = e^{i(\theta_1+\theta_2)}$, $(e^{i\theta})^n = e^{in\theta}$ の形で書き表すことができます．ド・モアブルの公式の実部・虚部をとることにより，コサインとサインの $n$ 倍角の公式を求めることができます（106ページ）．また，186ページで見たように，オイラーの公式から

$$\cos\theta = \frac{e^{i\theta} + e^{-i\theta}}{2}, \quad \sin\theta = \frac{e^{i\theta} - e^{-i\theta}}{2i}$$

が成り立ちます．前者を用いて，

$$\begin{aligned}\cos^3\theta &= \left(\frac{e^{i\theta} + e^{-i\theta}}{2}\right)^3 \\ &= \frac{1}{8}(e^{3i\theta} + 3e^{i\theta} + 3e^{-i\theta} + e^{-3i\theta}) \\ &= \frac{1}{4}\left(\frac{e^{3i\theta} + e^{-3i\theta}}{2} + 3\frac{e^{i\theta} + e^{-i\theta}}{2}\right)\end{aligned}$$

$$= \frac{1}{4}(\cos 3\theta + 3\cos\theta)$$

が得られます．同様にして，

$$\sin^3\theta = \frac{1}{4}(-\sin 3\theta + 3\sin\theta)$$

が得られます．この方法を使えば，自然数 $m$ に対して，$\cos^m\theta$, $\sin^m\theta$ を $\cos k\theta$ または $\sin k\theta$ ($0 \leq k \leq m$) の定数倍の和の形で表すことができます．オイラーの公式を使うと，三角関数の加法定理を繰り返し用いるよりもずっと見通しよく簡単に計算が可能です．このような変形は，$\cos^m\theta$, $\sin^m\theta$ の積分を計算するときに役に立ちます．

また，次の等式が成り立ちます．

> **ラグランジュの三角恒等式**
> $\theta$ が $2\pi$ の整数倍でないとき，
>
> $$\cos\theta + \cos 2\theta + \cdots + \cos n\theta = -\frac{1}{2} + \frac{\sin\left(n + \frac{1}{2}\right)\theta}{2\sin\dfrac{\theta}{2}}$$

ラグランジュの三角恒等式はフーリエ級数の理論において重要です．また，

$$1 + 2 + \cdots + n = \frac{n(n+1)}{2}$$

のように，規則的な和（左辺）がまとまった形（右辺）で書けるタイプの等式の一例になっています．

第 6 章　複素数の応用

　先の例と同じ考え方を用いてラグランジュの三角恒等式を示します.

$$2(\cos\theta + \cos 2\theta + \cdots + \cos n\theta)$$
$$= \left(e^{i\theta} + e^{-i\theta}\right) + \cdots + \left(e^{in\theta} + e^{-in\theta}\right)$$
$$= -1 + \sum_{k=-n}^{n} e^{ik\theta}$$
$$= -1 + e^{-in\theta} \sum_{k=0}^{2n} \left(e^{i\theta}\right)^k$$

となります. 複素数 $z$ に対して,

$$(1 + z + z^2 + \cdots + z^{2n})(1-z) = 1 - z^{2n+1}$$

となり, $z \neq 1$ のとき $1-z$ で割ると,

$$\sum_{k=0}^{2n} z^k = \frac{1 - z^{2n+1}}{1-z}$$

が成り立ちます. これを使うと, 上の和は,

$$-1 + e^{-in\theta} \sum_{k=0}^{2n} \left(e^{i\theta}\right)^k = -1 + e^{-in\theta} \frac{1 - \left(e^{i\theta}\right)^{2n+1}}{1 - e^{i\theta}}$$
$$= -1 + \frac{e^{-i(n+\frac{1}{2})\theta} - e^{i(n+\frac{1}{2})\theta}}{e^{-\frac{i\theta}{2}} - e^{\frac{i\theta}{2}}}$$
$$= -1 + \frac{\sin\left(n + \frac{1}{2}\right)\theta}{\sin\frac{\theta}{2}}$$

となります. よって, ラグランジュの恒等式が示されました. 三角関数の和をオイラーの公式により指数関数の和に直して

和を求め，オイラーの公式を使って結果を三角関数で表すという道筋をとったのです．

上で見た式は，$\cos k\theta$, $\sin k\theta$ の定数倍の和の形をしています．オイラーは三角関数の無限和を含む等式

$$\frac{x}{2} = \sin x - \frac{\sin 2x}{2} + \frac{\sin 3x}{3} - \cdots \quad (-\pi < x < \pi)$$

を示しました．フランスの数学者フーリエは，1822 年の著書『熱の解析的理論』において，すべての関数は，このように三角関数の無限和で表すことができると主張しました．この驚くべき主張を正当化するのが，19 世紀から 20 世紀にかけて発展したフーリエ解析と呼ばれる数学の理論です．フーリエ解析は，物理学や工学への応用上も重要です．フーリエ解析の定式化や計算においては，三角関数を用いるよりもオイラーの公式を通じて指数関数を用いる方が数式の扱いがずっと簡明になります．

### ■ 微分積分との関連

オイラーの公式は，指数関数，三角関数の微分積分においても非常に有用です．詳細な議論や証明，応用には踏み込まず，簡単に紹介します．

第 5 章で見たように指数関数の著しい特徴として，変化の割合が関数の値の定数倍になっていることを見ました．すなわち，$\alpha$ が実数または $\alpha = i$ のとき，次のことを観察しました．

第 6 章　複素数の応用

> 実変数 $x$ の関数
> $$e^{\alpha x} = \lim_{n \to \infty} \left(1 + \frac{\alpha x}{n}\right)^n$$
> の変化率は $\alpha e^{\alpha x}$ に等しい.

関数 $f(x)$ の変化率とは, 正確には, $x$ と $x+h$ の間の値の変化の割合の $h$ を 0 に近づけたときの極限値

$$f'(x) = \lim_{h \to 0} \frac{f(x+h) - f(x)}{h},$$

つまり $f(x)$ の微分のことを指します. $y = f(x)$ の微分は, $y' = f'(x)$ のように $'$（ダッシュまたはプライムと読む）をつけて表します. たとえば,

$$(e^x)' = e^x,$$
$$(e^{ix})' = ie^{ix}$$

です. オイラーの公式により, 2 番目の式は,

$$(\cos x + i \sin x)' = i(\cos x + i \sin x) = -\sin x + i \cos x$$

となり, 実部・虚部の変化率を取りだすと, 微分積分で習う三角関数の微分の公式

$$(\cos x)' = -\sin x,$$
$$(\sin x)' = \cos x$$

が現れます. この $\cos x$ と $\sin x$ の微分公式に比べて, これをオイラーの公式によりまとめて書いた $(e^{ix})' = ie^{ix}$ はとても簡単な形をしています.

*211*

音や交流電流などの波動は三角関数を用いて表され，物理や工学において，三角関数や三角関数と指数関数の積の微分積分や微分方程式の計算が頻繁に現れます．複素の指数関数に対する加法定理と微分公式が簡単な形で表されるため，三角関数の計算をオイラーの公式を用いて指数関数の方で行うと，計算が簡単になり，理論においても議論の見通しがよくなるのです．

## §3　さらなる発展と応用

　三角関数の和や積，微分積分の計算にオイラーの公式が役に立つというのは，この章の冒頭に引用したアダマールの言葉にある，実数の範囲の問題を複素数を使って解いて実数に戻る近道の例です．高木貞治は，著書『代数学講義 改訂新版』（共立出版）においてこれを，

> 実数のみに関する問題においても，それを複素数の立場から考察すると，明快に解決される場合が多い．
>
> これは次元の拡張であって，あたかも上空から見おろすと，地上の光景が明快に観取せられるようなものである．

と言い表しています．

　複素数は，実数の範囲の問題を解決するための便利な道具に留まるものではありません．2次方程式の解の公式，あるいは，代数学の基本定理が示すように，複素数の範囲で考え

第 6 章　複素数の応用

ることにより，代数方程式の解の存在や個数について統一的な扱いが可能になります．本書では取り扱いませんが，19世紀にコーシー，リーマン，ワイエルシュトラスらによって研究され，発展した複素関数（変数も関数の値も複素数である関数）の微分積分の理論は，実数の範囲の微分積分とは大きく異なる様相と深みを持ち，数学，そして物理学や工学に応用されています．第 4 章の冒頭に引用した高木貞治の言葉にあるように，実数の範囲に限って考えることは狭苦しく，現代数学は複素数抜きでは考えられないのです．

　応用面でも複素数は本質的に重要です．20世紀に発展した，原子や電子，素粒子など物質のミクロな世界を研究する量子力学では，複素数が本質的に使われています．量子力学で基本的な微分方程式であるシュレーディンガー方程式の係数には虚数単位 $i$ が含まれており，その解である波動関数は複素数値の関数です．量子力学が，パソコンや携帯電話の CPU やメモリー，医療用 MRI，超電導，レーザーなどの基礎として現代に欠かせないものであることを思えば，複素数も大いに役立っていると言えるでしょう．現代の理工系分野において複素数の地位は揺るぎないもので，なくてはならない存在となっています．

　1つ，2つと個数を数えたり，長さを測ったりする素朴な数概念から，数千年の時の流れのなかで，数の概念は大きく変遷してきました．現代の数学者は，実数や複素数に限らず，割り算の余りや行列など，四則演算のルールと基本性質が成り立つものを数の仲間と見なしています．そして現在も，数学

は広がり続けており，未解明の領域で開拓の努力が続けられているのです．その中のあるものは将来，複素数と同じく欠かせない知識として定着していくことでしょう．

# さくいん

アダマール, 197
アーベル, 155
アルガン, 111, 156
アルガン図, 75
アルス・マグナ, 45, 47
アルノー, 35
アル=フワリズミ, 127

移項, 22
1のべき根, 84, 102, 107, 132, 136, 144
イデアル, 120
因数定理, 150

ヴィエト, 127
ヴィエトの公式, 128, 136
ウェッセル, 93, 110
ウォリス, 43
ウォーレン, 111
右辺, 21

演算, 20
円周率, 14
円積問題, 146
円の方程式, 201

オイラー, 53, 68, 101, 153, 210
オイラーの公式, 101, 170, 186, 187
オイラーの公式の証明, 173, 180, 187
オイラーの等式, 170
オイラーの等式の証明, 176
オイラー法, 170

回転, 90
解と係数の関係, 128, 136
解の公式, 124, 130, 155
ガウス, 53, 56, 111, 121, 144, 153

さくいん

ガウス平面, 75
角の三等分問題, 146
掛け算, 20
加法, 20
加法定理, 92, 99, 185
カルダーノ, 45, 47
カルダーノの公式, 155
ガロア, 145, 155
ガロア理論, 121, 145
カントール, 19
完備化, 19

逆演算, 27, 29
逆元, 31
共役複素数, 60
極形式, 87, 97, 171
極限, 18
極座標, 85
極座標表示, 87
虚軸, 75
虚数, 53, 55
虚数解, 47, 55
虚数単位, 47, 54
虚部, 55, 61

グレゴリー, 188

クロネッカー, 9, 121

結合法則, 24, 25
減法, 20
原論, 144

交換法則, 21, 24
恒等式, 21
コサイン, 97
コーシー, 73, 112, 120, 156, 213
コーツ, 101, 138
コーツの公式, 172, 195
コーツの定理, 139
弧度法, 95
根, 128

サイン, 97
作図, 144
座標平面, 74
左辺, 21
三角不等式, 79
3次方程式, 48, 136
三平方の定理, 12, 75

四元数, 69, 111, 117
辞書式順序, 71

指数, 39
指数関数, 41, 165, 188
指数法則, 40, 41
自然数, 10
自然対数の底, 162
四則演算, 20
実軸, 75
実数, 15
実部, 55, 61
写像, 77
周期, 98
重根, 129
循環小数, 16
純虚数, 55
順序, 71
順序対, 112
小数, 14
乗法, 20
除法, 20
ジラール, 150

数直線, 18
スタインメッツ, 87

正 $n$ 角形, 107
正弦関数, 97

正 17 角形, 144
整数, 12
積, 20
絶対値, 32, 61, 76, 86

体, 114
大小関係, 71
対数, 162
代数学の基本定理, 151, 152, 156
対数関数, 193, 194
代数的解法, 155
代数方程式, 151
対数螺旋, 105
多価関数, 195
高木貞治, 122, 212
竹内端三, 190
足し算, 20
ダランベール, 153, 156
タルタリア, 52

超越数, 146
超複素数, 69
重複度, 129
直線の方程式, 201
直交座標, 42

## さくいん

底, 39
ディオファントス, 68
テイラー展開, 188
デカルト, 43, 53, 105, 127, 150
デデキント, 19

等号, 21
等式, 21
閉じている, 21
ド・モアブル, 101
ド・モアブルの定理, 92, 101, 185
朝永振一郎, 189
トレミー, 201
トレミーの定理, 202
トレミーの不等式, 203

2次方程式, 46, 124, 130
ニーダム, 172
ニュートン, 43, 149, 188

ネイピアの数, 14, 162, 163

パース, 160
ハーディ, 74
ハミルトン, 69, 73, 112, 116

判別式, 125

引き算, 20
ピタゴラス, 12
ピタゴラスの定理, 12, 75, 85
微分, 168, 181, 183, 211
微分積分, 210

フィボナッチ, 68
フェラーリ, 52, 155
フェルマー素数, 145
複素関数, 213
複素関数論, 120
複素共役, 60
複素数, 54, 111
複素数平面, 75
複素平面, 75
複利の公式, 162
プトレマイオス, 201
負の数, 29
ブラーマグプタ, 11, 29, 68
フーリエ, 210
分数, 12
分配法則, 25

平方, 39
平方完成, 124
平方根, 41, 69, 147
べき級数, 187
べき級数展開, 188
べき根, 41
べき指数, 39
べき乗, 39
ベクトル, 77, 81, 117
偏角, 86
変化率, 168, 170, 181, 183, 211
変換, 77, 94

ボンベリ, 47

マクローリン展開, 188

無限小数, 15
無理数, 14

ヤコブ・ベルヌーイ, 105

有限小数, 14
有理数, 12
ユークリッド, 144

余弦関数, 97

ヨハン・ベルヌーイ, 194

ライプニッツ, 43, 44, 149, 194
ラグランジュ, 69
ラグランジュの三角恒等式, 208
ラジアン, 96
ランベルト, 14

立方, 39
立方根, 41, 133
立方体倍積問題, 146
リーマン, 213
量子力学, 213
リンデマン, 146

累乗, 39

レオナルド・ダ・ヴィンチ, 52
連続複利の公式, 164

和, 20
ワイエルシュトラス, 117, 213
割り算, 20
ワンツェル, 146

N.D.C.411　　220p　　18cm

ブルーバックス　B-1788

# 複素数とはなにか
### 虚数の誕生からオイラーの公式まで

2012年10月20日　第1刷発行
2025年2月17日　第7刷発行

| 著者 | 示野信一 |
|---|---|
| 発行者 | 篠木和久 |
| 発行所 | 株式会社講談社 |
|  | 〒112-8001 東京都文京区音羽2-12-21 |
| 電話 | 出版　03-5395-3524 |
|  | 販売　03-5395-5817 |
|  | 業務　03-5395-3615 |
| 印刷所 | （本文表紙印刷）株式会社KPSプロダクツ |
|  | （カバー印刷）信毎書籍印刷株式会社 |
| 製本所 | 株式会社KPSプロダクツ |

定価はカバーに表示してあります。
©示野信一　2012, Printed in Japan
落丁本・乱丁本は購入書店名を明記のうえ、小社業務宛にお送りください。
送料小社負担にてお取替えします。なお、この本についてのお問い合わせは、ブルーバックス宛にお願いいたします。
本書のコピー、スキャン、デジタル化等の無断複製は著作権法上での例外を除き禁じられています。本書を代行業者等の第三者に依頼してスキャンやデジタル化することはたとえ個人や家庭内の利用でも著作権法違反です。

ISBN978-4-06-257788-5

## 発刊のことば

## 科学をあなたのポケットに

　二十世紀最大の特色は、それが科学時代であるということです。科学は日に日に進歩を続け、止まるところを知りません。ひと昔前の夢物語もどんどん現実化しており、今やわれわれの生活のすべてが、科学によってゆり動かされているといっても過言ではないでしょう。

　そのような背景を考えれば、学者や学生はもちろん、産業人も、セールスマンも、ジャーナリストも、家庭の主婦も、みんなが科学を知らなければ、時代の流れに逆らうことになるでしょう。

　ブルーバックス発刊の意義と必然性はそこにあります。このシリーズは、読む人に科学的に物を考える習慣と、科学的に物を見る目を養っていただくことを最大の目標にしています。そのためには、単に原理や法則の解説に終始するのではなくて、政治や経済など、社会科学や人文科学にも関連させて、広い視野から問題を追究していきます。科学はむずかしいという先入観を改める表現と構成、それも類書にないブルーバックスの特色であると信じます。

一九六三年九月

野間省一